高等学校应用型特色规划教材

MySQL
数据库应用技术

方玲玲 ◎ 主编

人民邮电出版社
北京

图书在版编目（CIP）数据

MySQL 数据库应用技术 / 方玲玲主编. -- 北京：人民邮电出版社，2024.7
高等学校应用型特色规划教材
ISBN 978-7-115-64287-5

Ⅰ.①M… Ⅱ.①方… Ⅲ.①SQL语言－数据库管理系统－高等学校－教材 Ⅳ.①TP311.132.3

中国国家版本馆CIP数据核字(2024)第081312号

内 容 提 要

本书通过通俗易懂的文字、翔实的案例，系统地介绍 MySQL 数据库应用技术。全书共 11 章，可以归纳为 4 个部分。第 1 部分（第 1、2 章）介绍数据库技术和 MySQL 基础，第 2 部分（第 3～6 章）介绍以 SQL 为核心的数据库应用，第 3 部分（第 7～10 章）介绍 MySQL 编程、数据安全、事务及并发控制等内容，第 4 部分（第 11 章）介绍应用 Python 与 MySQL 数据库技术实现信息系统的方法与技巧，从而培养读者对数据库的应用能力。

为了帮助读者快速掌握知识要点、验证学习效果，编者精心为本书设计知识结构思维导图，并提供示例源码和核心知识点的微课视频。

本书可作为高等院校信息技术及相关专业数据库应用课程教材，也可作为参加全国计算机等级考试二级 MySQL 数据库程序设计的参考书。

◆ 主　编　方玲玲
　 责任编辑　王梓灵
　 责任印制　马振武

◆ 人民邮电出版社出版发行　北京市丰台区成寿路 11 号
　 邮编 100164　电子邮件 315@ptpress.com.cn
　 网址 https://www.ptpress.com.cn
　 固安县铭成印刷有限公司印刷

◆ 开本：787×1092　1/16
　 印张：12.75　　　　　　　　2024 年 7 月第 1 版
　 字数：302 千字　　　　　　 2024 年 7 月河北第 1 次印刷

定价：69.80 元

读者服务热线：(010)53913866　印装质量热线：(010)81055316
反盗版热线：(010)81055315
广告经营许可证：京东市监广登字 20170147 号

前 言

MySQL 是应用广泛的关系数据库管理系统，是 Oracle 公司的多用户、多线程的中小型数据库应用系统。MySQL 为"客户端/服务器"或"浏览器/服务器"开发模式提供数据库支持，具有稳定、可靠、体积小、速度快、成本低、开放源码等特点。

编者根据信息技术类专业"数据库应用"课程的实际要求，结合对数据库应用的认知和实践，使本书具有"简单、易用、实用"的特点。本书定位在使读者掌握数据库基础知识，培养其数据库应用能力，助力读者成为数据库系统管理员或后台数据库设计与维护人员。

本书具有以下特色。

（1）知识全面。本书内容覆盖了数据库、MySQL、SQL 基础知识，并通过一个 Python+MySQL 项目介绍数据库应用技术。

（2）案例实用。"学生信息管理系统"案例从设计、实现到应用贯穿本书，所有示例和综合应用都围绕该案例的数据库展开，覆盖所有核心知识点。

（3）配套资源丰富。编者精心设计知识结构思维导图，并提供核心知识点的微课视频，以帮助读者快速掌握知识要点。

本书以"学生信息管理系统"案例的设计与应用为线索，内容可以归纳为 4 个部分。

第 1 部分（第 1、2 章）介绍数据库和 MySQL 基础，包括数据库基础知识和数据模型、MySQL 的安装和配置，等等。本部分是全书的基础。

第 2 部分（第 3～6 章）介绍以 SQL 为核心的数据库应用，包括创建数据库和表、数据操作、数据查询等。本部分是全书的重点。

第 3 部分（第 7～10 章）介绍 MySQL 编程、数据安全、事务及并发控制等内容。本部分难度有所提升，读者可根据需要选学。

第 4 部分（第 11 章）介绍应用 Python 与 MySQL 数据库技术实现信息系统的方法与技巧，旨在培养读者对数据库的应用能力。

本书由方玲玲任主编，在编写过程中，相关高校一线任课教师提出很多建议并给予了指导，在此向他们表示感谢。书中难免存在不足之处，恳请读者批评指正。

为了便于学习和使用，我们提供了本书的配套资源。读者扫描并关注下方的"信通社区"二维码，回复数字 64287，即可获得配套资源。

"信通社区"二维码

编者
2024 年 2 月

目 录

第1章 数据库技术基础 ... 1

任务 1.1 数据库基础知识 ... 2
- 1.1.1 数据处理 ... 2
- 1.1.2 数据库系统 ... 3

任务 1.2 数据模型 ... 4
- 1.2.1 数据模型的分类和组成 ... 4
- 1.2.2 概念模型 ... 5
- 1.2.3 逻辑模型 ... 7

任务 1.3 关系数据库 ... 8
- 1.3.1 关系模型的基本概念 ... 8
- 1.3.2 关系运算 ... 10

任务 1.4 MySQL 数据库的设计过程 ... 11
- 1.4.1 数据库设计的步骤 ... 11
- 1.4.2 需求分析 ... 12
- 1.4.3 概念模型设计 ... 13
- 1.4.4 逻辑模型设计 ... 14
- 1.4.5 物理模型设计与数据库实施和运行 ... 15

任务 1.5 学生信息管理系统的设计 ... 16
- 1.5.1 功能要求 ... 16
- 1.5.2 系统结构 ... 16
- 1.5.3 开发过程 ... 17

习题 ... 17

第2章 MySQL 基础 ... 19

任务 2.1 安装和配置 MySQL 服务器 ... 20
- 2.1.1 MySQL 的特点 ... 20
- 2.1.2 MySQL 8.0 的安装 ... 20
- 2.1.3 MySQL 8.0 的配置 ... 23

任务 2.2 启动和登录 MySQL 服务器 ... 27
- 2.2.1 启动 MySQL 服务器 ... 27

  2.2.2 登录 MySQL 服务器 ·········· 28

 任务 2.3 MySQL 语言 ············· 29

  2.3.1 SQL 的功能 ············· 29

  2.3.2 MySQL 语言的功能 ········ 30

 任务 2.4 MySQL 的数据类型与运算符 ··· 30

  2.4.1 MySQL 的数据类型 ········ 31

  2.4.2 MySQL 的运算符 ·········· 33

 上机实践 ····················· 37

 习题 ······················· 37

第 3 章 创建与操作 MySQL 数据库和表 ···39

 任务 3.1 创建和操作 MySQL 数据库 ··· 40

  3.1.1 认识 MySQL 数据库的类型 ··· 40

  3.1.2 创建及操作 MySQL 数据库 ··· 40

 任务 3.2 创建和操作表 ············ 42

  3.2.1 表的内容概述 ············ 42

  3.2.2 创建表 ················ 44

  3.2.3 查看表 ················ 46

  3.2.4 删除表 ················ 47

  3.2.5 修改表 ················ 47

 任务 3.3 数据完整性约束 ·········· 48

  3.3.1 数据完整性概述 ·········· 48

  3.3.2 主键约束 ·············· 50

  3.3.3 唯一性约束 ············· 51

  3.3.4 外键约束 ·············· 52

  3.3.5 检查约束 ·············· 54

  3.3.6 非空约束 ·············· 55

 任务 3.4 学习使用 HELP 语句 ······· 55

 任务 3.5 使用 Navicat Premium 管理数据库 ··· 56

  3.5.1 使用 Navicat Premium 连接 MySQL 数据库 ·········· 56

  3.5.2 在 Navicat Premium 窗口中创建数据库 ············· 57

 上机实践 ····················· 58

 习题 ······················· 59

第 4 章 管理表中的数据 ·············· 60

 任务 4.1 使用 INSERT 语句插入记录 ··· 60

  4.1.1 向表中插入一条记录 ······ 61

  4.1.2 插入多条记录 ··········· 61

  4.1.3 REPLACE 语句 ············ 62

	4.1.4 插入查询结果集	62
	4.1.5 将查询结果插入新表	63
任务4.2	使用UPDATE语句修改记录	64
任务4.3	删除记录	65
	4.3.1 使用DELETE语句删除记录	65
	4.3.2 使用TRUNCATE语句删除记录	65
上机实践		66
习题		66

第5章 查询表中的数据 68

任务5.1	数据查询语言系统	69
任务5.2	简单查询	70
	5.2.1 SELECT…FROM 语句	70
	5.2.2 WHERE 子句	72
	5.2.3 GROUP BY 子句和 HAVING 子句	74
	5.2.4 ORDER BY 子句和 LIMIT 子句	76
任务5.3	连接查询	78
	5.3.1 内连接查询	78
	5.3.2 外连接查询	80
	5.3.3 交叉连接查询	81
任务5.4	嵌套查询	81
	5.4.1 子查询返回单值	82
	5.4.2 子查询返回集合	83
	5.4.3 EXISTS 查询	85
任务5.5	合并查询	86
上机实践		87
习题		87

第6章 创建与使用视图和索引 89

任务6.1	创建和使用视图	90
	6.1.1 认识视图	90
	6.1.2 创建视图	91
	6.1.3 查看视图	92
	6.1.4 更新视图	94
	6.1.5 修改视图	96
	6.1.6 删除视图	96
任务6.2	创建和使用索引	97
	6.2.1 认识索引	97
	6.2.2 创建索引	98

6.2.3　查看索引 100
　　6.2.4　删除索引 101
　上机实践 102
　习题 103

第 7 章　学习 MySQL 编程 104

任务 7.1　MySQL 编程的基础知识 105
　　7.1.1　使用常量 105
　　7.1.2　使用变量 106
　　7.1.3　DELIMITER 命令与 BEGIN…END 语句块 109
　　7.1.4　运算符、表达式和内置函数 110
　　7.1.5　程序的注释 114
　　7.1.6　程序流程控制 114

任务 7.2　创建和使用存储过程 116
　　7.2.1　认识存储过程 116
　　7.2.2　创建存储过程 117
　　7.2.3　调用存储过程 119
　　7.2.4　查看和删除存储过程 120

任务 7.3　创建和使用存储函数 120
　　7.3.1　创建存储函数 121
　　7.3.2　调用存储函数 122
　　7.3.3　查看和删除存储函数 122

任务 7.4　创建和使用触发器 123
　　7.4.1　认识触发器 123
　　7.4.2　创建触发器 123
　　7.4.3　使用触发器 125
　　7.4.4　查看和删除触发器 126

任务 7.5　创建和使用事件 126
　　7.5.1　认识事件 127
　　7.5.2　创建事件 127
　　7.5.3　查看和删除事件 129

　上机实践 130
　习题 130

第 8 章　MySQL 的用户和权限管理 132

任务 8.1　认识 MySQL 的权限系统 132
　　8.1.1　认识 MySQL 的权限表 133
　　8.1.2　理解权限的工作过程 134

任务 8.2　用户管理 135

	8.2.1	创建用户	135
	8.2.2	修改用户账号	136
	8.2.3	修改用户密码	137
	8.2.4	删除用户	137

任务 8.3　权限管理 138
　　8.3.1　MySQL 的权限级别 138
　　8.3.2　授予用户权限 139
　　8.3.3　查看用户权限 140
　　8.3.4　限制用户权限 140
　　8.3.5　撤销用户权限 141
上机实践 141
习题 142

第 9 章　备份和恢复数据 143

任务 9.1　备份和恢复数据概述 143
　　9.1.1　备份数据的原因 144
　　9.1.2　备份数据的分类 144
　　9.1.3　恢复数据的方法 145

任务 9.2　备份数据 145
　　9.2.1　使用 mysqldump 命令备份数据 146
　　9.2.2　复制整个数据库目录 148

任务 9.3　恢复数据 148
　　9.3.1　使用 mysql 命令恢复数据 148
　　9.3.2　使用 SOURCE 命令恢复数据 149
　　9.3.3　直接将备份文件复制到数据库目录 149

任务 9.4　导入和导出表 150
　　9.4.1　使用 SELECT…INTO OUTFILE 语句导出文件 150
　　9.4.2　使用 mysql 命令导出文本文件 152
　　9.4.3　使用 LOAD DATA INFILE 语句导入文本文件 152
上机实践 153
习题 154

第 10 章　事务与并发控制 155

任务 10.1　认识事务 156
　　10.1.1　事务的特性 156
　　10.1.2　事务的分类 157

任务 10.2　管理事务 157
　　10.2.1　启动事务 158
　　10.2.2　结束事务 158

10.2.3 回滚事务 158
    10.2.4 设置事务保存点 158
    10.2.5 改变事务自动提交模式 159
任务 10.3 并发处理事务 162
    10.3.1 并发问题及其影响 162
    10.3.2 设置事务的隔离级别 165
任务 10.4 管理锁 166
    10.4.1 认识锁机制 166
    10.4.2 锁机制的类别 167
    10.4.3 管理死锁 168
上机实践 169
习题 169

第 11 章 使用 Python+MySQL 实现信息系统 171

任务 11.1 Python 的数据库 API 172
    11.1.1 Python 简介 172
    11.1.2 安装 Python 172
    11.1.3 Python DB-API 概述 174
    11.1.4 Python DB-API 中的对象 175
任务 11.2 使用 Python 访问 MySQL 数据库 176
    11.2.1 安装 Python 的 MySQL 驱动 176
    11.2.2 访问数据库的步骤 177
    11.2.3 连接 MySQL 数据库 178
    11.2.4 操作数据库中的数据 179
    11.2.5 执行事务 181
任务 11.3 项目的分析与设计 182
    11.3.1 项目的功能 182
    11.3.2 数据库及函数设计 182
任务 11.4 项目的实现 183
    11.4.1 项目启动程序的实现 183
    11.4.2 功能函数的实现 185
上机实践 189
习题 189

附录 数据库 mydata 的表结构与数据 191

参考文献 193

第1章 数据库技术基础

数据库技术是从20世纪60年代末开始发展起来的计算机软件技术，随着多媒体技术、人工智能技术的不断发展，数据库技术在各领域得到广泛应用。MySQL是20世纪末发展起来的开源数据库管理系统，是Web开发、移动开发、嵌入式系统开发等方向的主流数据库。

本章首先介绍数据库的基础知识和数据模型，这是学习和掌握数据库的前提；然后介绍关系数据库；最后介绍一个基于MySQL的应用项目——学生信息管理系统，后续数据库操作都围绕该项目展开。

◇ **学习目标**

（1）了解数据库、数据库系统、数据库管理系统等概念。
（2）掌握概念模型和逻辑模型的相关知识。
（3）熟练掌握关系、元组、属性、域、主键等关系模型的概念。
（4）了解MySQL数据库的设计过程。

◇ **知识结构**

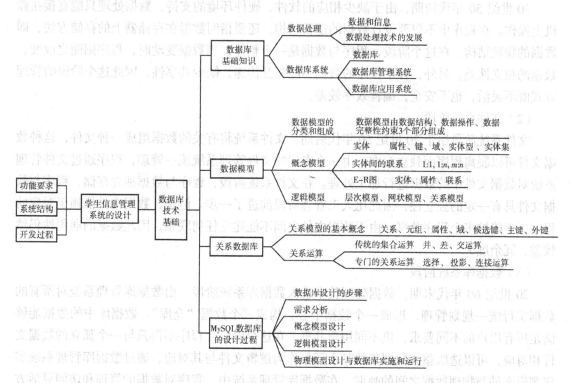

任务 1.1　数据库基础知识

【任务描述】

数据库技术的核心是数据处理，数据处理的核心是数据库管理系统，它涉及信息、数据、数据库系统、数据模型等。

本任务是使读者掌握数据处理和数据库系统的相关概念，了解数据处理技术的发展。

1.1.1　数据处理

1. 数据处理的相关概念

在数据处理技术中，数据与信息是两个基本概念。

数据指能被计算机存储和加工处理的、对客观事物属性的记录，它以一组符号来表示，这组符号可以包括文字、数值、图形、图像、声音等。

数据被加工处理后形成的有意义的内容称为**信息**，它是数据的语义表示。计算机的数据处理实际上就是对不同类型的数据进行处理，形成有意义的信息的过程。

2. 数据处理技术的发展

随着计算机硬件技术和软件技术的发展，计算机数据处理技术经历了人工管理阶段、文件系统阶段和数据库系统阶段。

（1）人工管理阶段

20 世纪 50 年代初期，由于缺少相应的软件、硬件环境的支持，数据处理只能直接在裸机上操作。在程序中不仅要设计数据的逻辑结构，还要指明数据在存储器上的存储方法，即数据的物理结构。在这个阶段，程序与数据是一个整体，当数据变动时，程序则随之改变，数据的独立性差。另外，各个程序的数据不能相互传递，缺少共享性，因此这个阶段的管理方式既不灵活，也不安全，编程效率较差。

（2）文件系统阶段

文件系统阶段始于 20 世纪 50 年代后期。文件系统将有关的数据组成一种文件，这种数据文件可以脱离程序而独立存在，由一个专门的文件管理系统统一管理，程序通过文件管理系统对数据文件中的数据进行加工处理。在文件系统阶段，程序与数据独立存储，程序与数据文件具有一定的独立性，因此比人工管理阶段前进了一步。但是，数据文件依赖于对应的程序，不能被多个程序共享。由于数据文件之间不能建立任何联系，因此数据的通用性仍然较差，冗余度大。

（3）数据库系统阶段

20 世纪 60 年代末期，数据处理技术进入数据库系统阶段，由数据库管理系统对所有的数据实行统一规划管理，形成一个数据中心，构成一个数据"仓库"。数据库中的数据能够满足所有用户的不同要求，供不同用户共享。在这个阶段，程序不再只与一个孤立的数据文件相对应，可以选取整体数据集的某个子集作为逻辑文件与其对应，通过数据库管理系统实现逻辑文件与物理数据之间的映射。在数据库管理系统中，程序对数据的管理和访问灵活方便,而且数据与程序之间完全独立,程序的质量和效率都有所提高。由于数据文件之间可以建立关联关系,因此数据的冗余大大减少,数据共享性显著增强。

与人工管理和文件系统相比,数据库系统具有数据结构化、数据的共享性高、数据冗余度小、数据独立性强的特点。Oracle、SQL Server、MySQL 等都是当前的主流数据库管理系统。

随着数据技术的不断发展,数据库应用领域涌现出许多新技术,简要介绍如下。

分布式数据库。分布式数据库是在集中式数据库基础上发展起来的,是一个物理上分布在计算机网络不同节点、逻辑上属于同一系统的数据库集合。网络上每个节点的数据库都有自治能力,能够完成局部应用。同时每个节点的数据库又属于整个系统,通过网络也可以完成全局应用。

数据仓库。数据仓库是面向主题的、集成的、相对稳定的、反映历史变化的数据集合,多用于辅助决策支持。数据仓库通常包括多个异构的数据源,集成后按照主题进行重组。数据仓库中的数据通常不再被修改,用于做进一步的数据分析。

大数据技术。大数据具有数据量大、数据类型繁多、数据处理速度快、数据价值密度低的特点。大数据的关键技术包括数据的采集和迁移、数据的处理和分析、数据安全等。大数据广泛使用 NoSQL 数据库。NoSQL 是一种以键值对的方式存储数据的非关系数据库。数据分析技术应用分布式并行编程模型和计算框架,如 Hadoop 的 MapReduce 计算框架和 Spark 的混合计算框架等。

1.1.2 数据库系统

数据库系统(DBS)实际是基于数据库的计算机应用系统。数据库系统不仅包括数据本身,还包括相应的硬件、软件和各类人员。数据库系统一般由数据库、数据库管理系统(及其开发工具)、数据库应用系统、数据库管理员和用户组成。数据库系统的组成如图 1-1 所示。

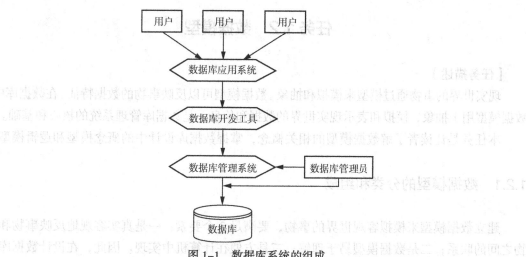

图 1-1 数据库系统的组成

1. 数据库

数据库(DB)指相互关联的数据的集合。数据库不仅包括描述事物的数据本身,还包括相关事物之间的联系。数据库应满足数据独立性、数据安全性、数据冗余度小、数据共享等特征。

2. 数据库管理系统

数据库管理系统（DBMS）是用于管理和维护数据库的系统软件。数据库管理系统是位于操作系统之上的一层系统软件，其主要功能如下。

（1）数据定义功能

DBMS提供数据定义语言（DDL），用户通过它可以方便地对数据库中的相关内容进行定义，如对数据库、基本表、视图和索引进行定义。

（2）数据操纵功能

DBMS向用户提供数据操纵语言（DML），实现对数据库的基本操作，如查询、插入、删除和修改数据库中的数据。

（3）数据库的运行管理

数据库的运行管理是DBMS的核心功能，它包括并发控制、存取控制，安全性检查、完整性约束条件的检查和执行，以及数据库的内部维护（如索引、数据字典的自动维护）等。所有数据库的操作都要在这些控制程序的统一管理下进行，以保证数据的安全性、完整性和多个用户对数据库进行并发操作时的稳定性。

（4）数据通信功能

数据通信功能包括与操作系统的联机处理、分时处理和远程作业传输的相应接口等，这一功能对分布式数据库系统尤为重要。

MySQL是一个功能强大的DBMS，具备数据库管理系统的以上功能。

3. 数据库应用系统

数据库应用系统（DBAS）是开发人员在数据库管理系统的环境下开发出来的、面向某一类应用的软件系统，如档案管理系统、学籍管理系统、图书管理系统等，这些都是以数据库为核心的计算机应用系统。

任务1.2 数据模型

【任务描述】

现实世界的事物通过模型来模拟和抽象。数据模型可以反映事物的数据特征。在数据库中，数据模型用于抽象、模拟和表示现实世界的数据和信息，是数据库管理系统的核心和基础。

本任务是让读者了解数据模型的相关概念，掌握数据库设计中的概念模型和逻辑模型。

1.2.1 数据模型的分类和组成

建立数据模型来模拟客观世界的事物，要满足3个要素：一是真实客观地反映事物和事物之间的联系；二是数据模型易于理解；三是方便在计算机中实现。因此，在设计数据库模型时，应根据不同的应用需求采用不同的数据模型。

1. 数据模型的分类

数据模型按应用层次可分为3类：概念模型、逻辑模型、物理模型。

（1）概念模型

概念模型又称为信息模型，它通过各种概念来描述现实世界中事物和事物之间的联系，主要用于数据库结构设计。

（2）逻辑模型

逻辑模型用于计算机中的数据建模，是概念模型的数据化，是事物和事物之间联系的数据描述，它提供了表示和组织数据的方法。主要的逻辑模型包括层次模型、网状模型、关系模型等。

（3）物理模型

物理模型是数据库底层的抽象，它描述了数据在计算机内部的表示方式和存储方法。物理模型是面向计算机系统的，由数据库管理系统实现。

数据库设计人员完成从概念模型到逻辑模型的转换，数据库管理系统完成从逻辑模型到物理模型的转换。

2. 数据模型的组成

数据模型是客观世界数据特征的抽象，通常由数据结构、数据操作、数据完整性约束3个部分组成。

（1）数据结构

数据结构是数据库系统静态特征的描述，其中包括数据库组成对象的类型、内容、性质及对象之间的关系。层次模型、网状模型、关系模型就体现了数据模型的结构特征。

（2）数据操作

数据操作用于描述数据库系统的动态特征，是数据库中各种对象被允许执行的操作的集合。数据操作主要包括数据库对象的创建、修改、删除，还包括插入、检索等。

（3）数据完整性约束

数据完整性约束是一组集合，用于指定数据模型中的数据及其联系所具有的制约规则和依存规则，从而保证数据的完整性、有效性、兼容性。

数据模型的组成部分是严格定义的一组概念的集合。在关系数据库中，数据结构是表结构的定义及其他数据库对象定义的命令集，数据操作是数据库管理系统提供的数据操作命令，数据完整性约束是表约束的定义及操作约束规则的集合。

1.2.2 概念模型

概念模型主要用于描述实体和实体间的联系，是数据库设计的重要工具，旨在将现实世界的数据抽象化和概念化。

1. **实体**

从数据处理的角度看，现实世界中的客观事物称为**实体**，它可以指人，如一名教师、一个学生；也可以指事物，如一门课程、一本书。实体不仅可以指实际的物体，还可以指抽象的事件，如一次考试、一次比赛等。另外，实体可以指事物与事物之间的联系，如学生选课、图书借阅等。

一个实体具有不同的**属性**，它描述了实体某一方面的特性。例如，学生实体可以描述为学生（学号、姓名、性别、出生日期、专业）。学号、姓名等是实体的属性，每个属性可以取不同的值。

能唯一标识实体的属性集被称为**键**，它可以是一个属性，也可以是属性的组合。例如，每个学生对应唯一的学号，学号是学生实体的键。

在一个实体中，属性值的变化范围称为属性值的**域**。例如，性别属性的域为（男，女），某一届学生的出生日期属性的域可规定为（2001/01/01—2002/12/31）。由此可见，属性是个变量，属性值是变量所取的值，而域是变量的变化范围。

属性值所组成的集合表示一个具体的实体，相应的这些属性的集合表示一种实体的类型，即**实体型**。例如，上面的学号、姓名、性别、出生日期、专业等是表示学生实体的实体型。同类型的实体的集合称为**实体集**。

例如，对学生实体的描述：学生（学号、姓名、性别、出生日期、专业），是一个实体型。在学生实体中的一个具体实体可以描述为（37042、李琳、女、2001/09/22、数学），类似的全部实体的集合就是实体集。

在 MySQL 中，用"表"来表示同一类实体（即实体集），用"记录"来表示一个具体实体，用"字段"来表示实体的属性。显然，字段的集合组成一个记录，记录的集合组成一个表。相应的实体型表明了表的结构。

2. 实体间的联系

实体之间的对应关系称为实体间的联系，具体指一个实体集中可能出现的每一个实体与另一个实体集中多少个具体实体存在联系，它反映了现实世界事物之间的相互关联。实体之间有各种各样的联系，归纳起来有以下 3 种类型。

（1）一对一联系（1:1）

如果对于实体集 A 中的每一个实体，实体集 B 中有且只有一个实体与之联系，反之亦然，则称实体集 A 与实体集 B 有一对一联系。例如，一所学校只有一个校长，一个校长只在一所学校任职，校长与学校之间的联系是一对一联系。

（2）一对多联系（1:n）

如果对于实体集 A 中的每一个实体，实体集 B 中有多个实体与之联系；反之，对于实体集 B 中的每一个实体，实体集 A 中至多只有一个实体与之联系，则称实体集 A 与实体集 B 有一对多联系。例如，一所学校有许多学生，但一个学生只能就读于一所学校，所以学校和学生之间的联系是一对多联系。

（3）多对多联系（m:n）

如果对于实体集 A 中的每一个实体，实体集 B 中有多个实体与之联系；而对于实体集 B 中的每一个实体，实体集 A 中也有多个实体与之联系，则称实体集 A 与实体集 B 有多对多联系。例如，一个学生可以选修多门课程，一门课程也可以被多个学生选修，所以学生和课程之间的联系是多对多联系。

3. E-R 图

E-R 图即实体联系图，用于表示现实世界的概念模型。E-R 图提供了实体、属性、联系的表示方法，具体如下。

① 实体用矩形框表示，框内为实体名。

② 属性用椭圆形框表示，框内为属性名。
③ 联系用菱形框表示，框内写明联系名，用直线与实体连接，在直线旁标注 1、m、n 来表示一对一联系、一对多联系、多对多联系。图 1-2 所示为学生选课的 E-R 图。

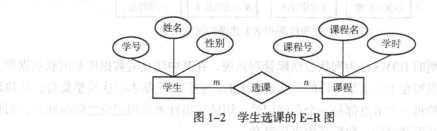

图 1-2　学生选课的 E-R 图

1.2.3　逻辑模型

逻辑模型面向数据库的逻辑结构，用不同的模型表示数据之间的联系。数据库系统中的逻辑模型主要分为层次模型、网状模型和关系模型 3 种。

1. 层次模型

层次模型用树形结构来表示实体之间的联系。层次模型的特征如下。
① 有且仅有一个节点没有父节点，这个节点为根节点。
② 其他节点有且仅有一个父节点。

事实上，许多实体间的联系本身就是自然的层次关系，如一个单位的组织机构、一个家庭的世代关系等。图 1-3 所示为某大学实体的层次模型。

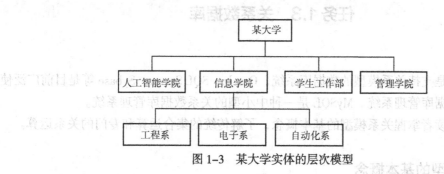

图 1-3　某大学实体的层次模型

支持层次模型的 DBMS 称为层次数据库管理系统，在其中建立的数据库是层次数据库。层次数据库不能直接表示多对多联系。

2. 网状模型

用网状结构表示实体及其之间联系的模型称为**网状模型**。网状模型的特征如下。
① 允许节点有多个父节点。
② 可以有一个以上节点没有父节点。

例如，教师授课和学生选课的网状模型如图 1-4 所示。其中，一个教师可以开设多门课程，一门课程可以由多名教师任教；一个学生可以选修多门课程，一门课程可以被多个学生选修。

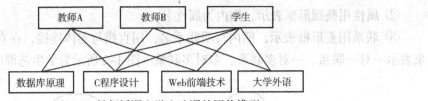

图1-4 教师授课和学生选课的网状模型

支持网状模型的 DBMS 称为网状数据库管理系统，在其中建立的数据库是网状数据库。网状模型和层次模型在本质上是一样的。从逻辑上看，它们都是基本层次模型集合；从物理结构上看，它们的每一个节点都是一个存储记录，用链接指针来实现记录之间的联系。网状模型数据间的关系纵横交错，数据结构更加复杂。

3. 关系模型

关系模型是最重要的逻辑模型。关系模型是用二维表结构来表示实体以及实体之间联系的数据模型。关系模型的数据结构是二维表，每个二维表又可称为关系。简单的关系模型见表1.1，具体的关系可描述为学生（学号，姓名，性别，出生日期，专业）。

表1.1 简单的关系模型

学号	姓名	性别	出生日期	专业
37042	李琳	女	2001/09/22	计算机
37056	赵一凡	女	2002/11/20	计算机
41001	冯林森	男	2001/10/31	法学

任务1.3 关系数据库

【任务描述】

关系数据库是支持关系模型的数据库系统，Oracle、SQL Server、Sybase 等是目前广泛使用的大型关系数据库管理系统。MySQL 是一种中小型的关系数据库管理系统。

本任务是使读者掌握关系模型的基本概念，了解传统的集合运算和专门的关系运算。

1.3.1 关系模型的基本概念

（1）关系

一个**关系**就是一张二维表，通常将一个没有重复行、重复列的二维表看成一个关系，每个关系都有一个关系名。

（2）元组

二维表的水平方向的行在关系中称为**元组**，一个元组对应表中的一个记录。

（3）属性

二维表的垂直方向的列在关系中称为**属性**，每个属性都有一个属性名，属性值则是各个属性的取值。一个属性对应表中的一个字段，属性名对应字段名，属性值对应各个记录的字段值。

（4）域

属性的取值范围称为**域**。域作为属性值的集合，其类型与范围由属性的性质及所表示的意义具体确定。同一属性只能在相同域中取值。

（5）候选键

候选键是能唯一标识一个元组的属性或属性的组合，也称为关键字。例如，学生表的学号字段、姓名字段具有唯一性，可以作为标识一条记录的关键字，而性别字段就不能作为起唯一标识作用的关键字。

（6）主键

从候选键中选择一个作为**主键**，可以唯一地标识一条记录。

（7）外键

如果表中的一个字段或字段的组合不是本表的主键或候选键，而是另外一个表的主键或候选键，则该字段称为外键。

关系模型如图 1-5 所示。

课程关系

课程号	课程名	学时	任课老师
0207	大学物理	80	侯玉梅
0305	计算机技术	64	李宝军
0402	大学英语	120	张艳
0531	高等数学	96	吴天虎

成绩关系

学号	课程号	成绩
23156004	0531	92.0
23156005	0402	76.0
23156006	0531	95.0
23156006	0305	NULL
23156006	0207	NULL
22341001	0531	60.0
22341002	0402	60.0

图 1-5 关系模型

图 1-5 给出了两个关系，可以把关系看作二维表，但不是所有的二维表都是关系。关系有以下特点。

① 关系的列是同质的，即必须是同一类型数据。
② 关系必须规范化，属性不可再被分割。
③ 在同一关系中，不允许出现相同的属性名。
④ 在同一关系中，不允许出现完全相同的元组。
⑤ 在关系中，元组的次序无关紧要。
⑥ 在关系中，属性的次序无关紧要。

1.3.2 关系运算

关系是由元组组成的集合。我们通过关系运算可以检索满足条件的数据。关系的基本运算分为两类，一类是传统的集合运算（并运算、差运算、交运算），另一类是专门的关系运算（选择运算、投影运算、连接运算）。

1. 传统的集合运算

进行并运算、差运算、交运算的两个关系必须具有相同的结构。为了进行集合运算，引入两个具有相同结构的关系 R 和关系 S，分别见表1.2和表1.3。

表1.2 关系 R

学号	姓名	性别	专业
001	Tom	男	计算机
004	Mike	男	体育
007	Rose	女	法学

表1.3 关系 S

学号	姓名	性别	专业
001	Tom	男	计算机
004	Mike	男	体育
008	John	女	信息管理

① 并运算。两个相同结构关系的并运算是由属于 R 或者属于 S 的元组组成的集合，记作 $R \cup S$，结果见表1.4。

② 差运算。两个相同结构关系的差运算是由属于 R 但不属于 S 的元组组成的集合，记作 $R-S$，结果见表1.5。

③ 交运算。两个相同结构关系的交运算是由属于 R 且属于 S 的元组组成的集合，记作 $R \cap S$，结果见表1.6。

表1.4 $R \cup S$ 运算结果

学号	姓名	性别	专业
001	Tom	男	计算机
004	Mike	男	体育
007	Rose	女	法学
008	John	女	信息管理

表1.5 $R-S$ 运算结果

学号	姓名	性别	专业
007	Rose	女	法学

表1.6　$R \cap S$ 运算结果

学号	姓名	性别	专业
001	Tom	男	计算机
004	Mike	男	体育

2. 专门的关系运算

在关系数据库中，专门的关系运算包括选择运算、投影运算和连接运算3种。

（1）选择运算

选择运算是从关系中查找符合指定条件元组的操作。选择运算以逻辑表达式指定选择条件，将选取使逻辑表达式为真的所有元组。选择运算的结果构成关系的一个子集，是关系中的部分元组，其关系模型不变。

（2）投影运算

投影运算是从关系中选取若干个属性的操作，它从关系中选取若干个属性形成一个新的关系。

（3）连接运算

连接运算是将两个关系的若干个属性拼接成一个新的关系的操作。对应的新关系包含满足连接条件的所有元组。

任务1.4　MySQL数据库的设计过程

【任务描述】

数据库设计指数据库及其应用系统的设计。合理的数据库设计是建立数据库应用系统的基础。数据库设计就是构造优化的数据库模式并建立数据库，使其能有效地存储数据，满足各种用户的应用需求。

本任务是分析、设计一个用于学生信息管理的数据库。

1.4.1　数据库设计的步骤

按照结构化分析设计方法，数据库设计分为6个步骤，即需求分析、概念模型设计、逻辑模型设计、物理模型设计、数据库实施、数据库运行和维护，如图1-6所示。数据库设计过程和数据库应用系统开发过程是一致的。

在数据库设计过程中，需求分析和概念模型设计是独立于数据库管理系统的，逻辑模型设计和物理模型设计则与具体的数据库管理系统密切相关。

（1）需求分析

获取需求是数据库设计的基础。在数据库设计时必须准确了解与分析用户的需求，明确系统要达到的目标和实现的功能。需求分析是概念模型设计的基础，也是评价数据库是否科学、稳定、高效的依据。

（2）概念模型设计

概念模型设计是整个数据库设计的关键，它综合用户需求，将其归纳并抽象成一个独立于具体数据库管理系统的概念模型。

（3）逻辑模型设计

逻辑模型设计将概念模型转换为具体数据库管理系统所支持的数据模型，并对其进行优化。

（4）物理模型设计

物理模型设计为逻辑模型选取一个最适合应用环境的物理结构，包括存储结构和存取方法。

（5）数据库实施

在数据库实施过程中，用户运用数据库管理系统提供的数据库语言和宿主语言，根据逻辑模型设计和物理模型设计的结果建立数据库、组织数据入库、编写与调试数据处理程序并试运行。

（6）数据库运行和维护

数据库应用系统经过试运行后即可投入正式运行。数据库在运行过程中必须不断地对其结构性能进行评价、调整和修改设计。一个完善的数据库应用系统通常是上述6个步骤不断迭代的结果。需要指出的是，这6个步骤既是数据库设计的过程，也是数据库应用系统的开发过程。

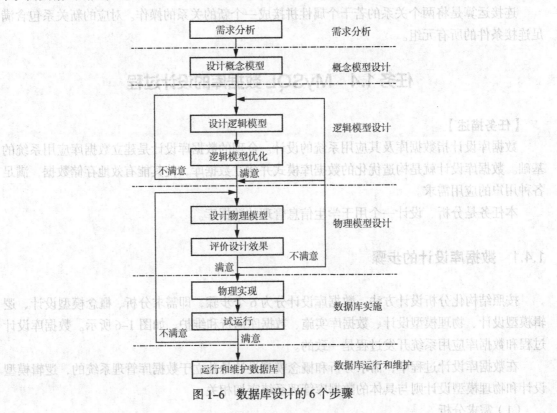

图 1-6　数据库设计的6个步骤

1.4.2　需求分析

需求分析是数据库设计的起点，用于分析数据库系统要解决的具体问题。需求分析的目的是充分了解原有业务系统的组织机构与工作概况，熟悉业务流程，明确用户对信息结果、数据安全性、数据完整性等方面的要求，确定新数据库系统的功能。需求分析的过程如图 1-7 所示。

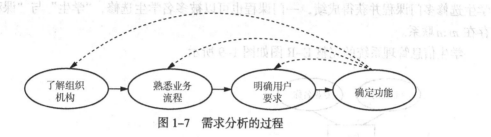

图 1-7　需求分析的过程

需求分析的结果是数据库设计中所需的基础数据及一组数据流图，是概念模型设计的基础。

学生信息管理系统可以实现专业、学生、课程等信息的增、删、改、查、统计等功能，需求分析相对简单，不存在确定用户需求的难点。需求分析结果的具体描述如下。

该数据库系统包含两类权限用户：管理员和学生。管理员具有管理学生信息、课程信息、专业信息并完成数据统计的权限；学生可以维护个人信息、选修课程和退选课程。图 1-8 描述了学生信息管理系统的简单功能。

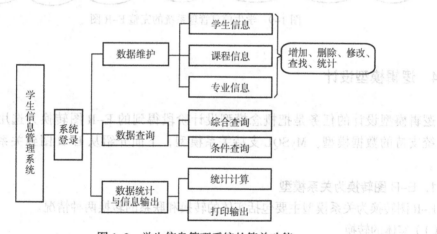

图 1-8　学生信息管理系统的简单功能

1.4.3　概念模型设计

概念模型设计是将需求分析得到的用户需求抽象为概念模型的过程。概念模型设计的任务是划定应用系统中的各种实体、实体的属性、实体间的联系并定义外模式及概念模式。概念模型设计通过 E-R 图来实现，E-R 图是描述概念模型的工具。

对需求分析收集到的数据进行分类组织，学生信息管理系统简化后包含"专业""学生""课程"3 个实体，专业代码、学号和课程号分别为它们的键。实体描述如下。

专业（专业代码、专业名称）

学生（学号、姓名、性别、出生日期、专业代码）

课程（课程号、课程名、学时）

在上述实体中，学生在一个指定的专业就读，"专业"与"学生"之间是 1:n 联系；一个学生选修多门课程并获得成绩，一门课程也可以被多名学生选修，"学生"与"课程"之间存在 m:n 联系。

学生信息管理系统的完整 E-R 图如图 1-9 所示。

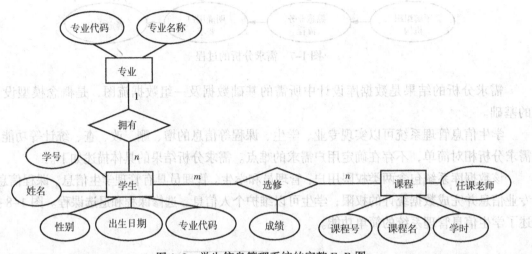

图 1-9　学生信息管理系统的完整 E-R 图

1.4.4　逻辑模型设计

逻辑模型设计的任务是把概念模型设计阶段得到的 E-R 图转换为选用的数据库管理系统支持的数据模型。MySQL 支持关系模型，下面介绍从 E-R 图到关系模型的转换原则。

1. E-R 图转换为关系模型

E-R 图转换为关系模型主要包括实体的转换和联系的转换两种情况。

（1）实体的转换

实体的转换是指一个实体转换为一个关系。把实体转换为关系时，实体的属性变为关系的属性，实体的键就是关系的键。

（2）联系的转换

① 1:1 联系。该转换可以将联系定义为一个新的关系，属性为双方实体的关键字；或者将联系与任意一方的关系合并。

② 1:n 联系。该转换将唯一方实体（1）的关键字作为多方实体（n）对应关系的属性。例如，"学生"和"专业"间的"属于"联系，可以通过在"学生"关系中添加"专业代码"属性来实现。

③ m:n 联系。该转换将联系定义为新的关系，属性为双方实体的关键字。

例如，"学生"和"课程"间的"选修"联系，可定义为新的关系：选修（学号、课程号）。

除了上面介绍的实体的转换和联系的转换两种情况，实体间还可能存在多元联系。如果存在多元联系，可以通过继承参与联系的各个实体的关键字来形成新的关系。继承的关键字可以作为新关系的关键字，也可以新增一个区分属性作为关键字。

2. 学生信息管理系统中的关系

结合上述转换原则，学生信息管理系统的 E-R 图中的每个实体对应一个关系，实体名变为关系名，实体的属性变为关系的属性，实体的键就是关系的键。将 $m:n$ 联系"选修"转换为一个关系，关键字为联系双方实体的键"学号"和"课程号"，属性为联系的属性。

经上述分析，得到学生信息管理系统的 4 个关系。选修关系实际上描述的是成绩信息，关系名用"成绩"表示更为明确。4 个关系的定义如下。

专业（专业代码、专业名称）
学生（学号、姓名、性别、出生日期、专业代码）
课程（课程号、课程名、学时、任课教师）
成绩（学号、课程号、成绩）

1.4.5 物理模型设计与数据库实施和运行

1. 物理模型设计概述

物理模型设计以逻辑模型设计的结果为基础，结合具体数据库管理系统的特点与存储特性，选定数据库在物理设备上的存储结构和存取方法。

下面以学生信息管理系统中的课程关系为例，说明物理模型的设计过程，其他关系的物理模型设计过程类似。

课程关系描述：课程（课程号、课程名、学时、任课教师），属性定义包括数据类型、宽度、是否为关键字、是否为空等，定义如下。

（1）课程号

考虑实际需求，"课程号"用字符描述，宽度为 6 个字符。"课程号"的前 2 个字符表示开课学院，例如"37"表示信息学院，第 3 个字符表示课程类别为"必修"或"选修"，第 4 个字符表示考核类型是"考试"或"考查"，最后 2 个字符表示序号。

"课程号"表示唯一的一门课程，是课程关系的主键。

（2）课程名

"课程名"用字符描述，其长短不一，但有一定限制，使用可变长字符类型，长度不超过 20 个字符。

（3）学时

"学时"设置为整型（小整型）即可。

（4）任课教师

设置"任课教师"为字符类型，宽度为 20 个字符即可。

基于上述分析，课程关系的结构描述见表 1.7。为了方便操作数据库，字段名（列名）用英文表示，其中的数据类型、完整性约束在后续介绍。

表 1.7 课程关系的结构描述

字段名	字段描述	数据类型	完整性约束
cno	课程号	CHAR(6)	主键
cname	课程名	VARCHAR(20)	非空
hour	学时	TINYINT	非空
teacher	任课教师	CHAR(20)	

2. 数据库实施和运行

完成物理模型设计后，进入数据库实施阶段。数据库实施指首先根据逻辑模型设计和物理模型设计的结果，在计算机上建立具体的数据库结构，然后装载数据、编程调试、数据库试运行，最后整理文档。在 MySQL 数据库中，数据库的实施就是创建数据库、表，以及操纵表中数据的过程。

数据库正式投入运行标志着数据库运行和维护阶段的开始。

任务 1.5 学生信息管理系统的设计

【任务描述】

MySQL 是功能强大的数据库管理系统。为了让读者充分了解 MySQL 的数据管理功能，本任务介绍一个数据库应用项目——学生信息管理系统，该系统中数据库的实现将在后续各章中介绍，并在第 11 章使用 Python 和 MySQL 实现学生信息管理功能。

本任务是让读者了解学生信息管理系统的功能要求、系统结构和开发过程。

1.5.1 功能要求

开发学生信息管理系统的目的是实现专业、课程、成绩信息的计算机管理，主要功能包括数据存储、数据操纵、查询输出 3 个部分，基本要求如下。

① 简洁的用户界面设计。
② 稳定的数据存储功能。
③ 数据查询和操纵方便。
④ 合理的数据输出设计。

1.5.2 系统结构

1. 应用系统的功能模块

系统界面由 Python 语言实现，通过菜单控制数据维护、查询和统计等模块的操作。系统具有登录、数据维护、数据查询、数据统计、信息输出等功能。

① 系统登录功能：验证用户身份，合法的用户可进入数据库应用系统。

② 数据维护功能：实现数据增加、修改、删除、备份等功能。
③ 数据查询功能：根据条件进行数据查询。
④ 数据统计与信息输出功能：读取数据库中的数据，统计学生选课、成绩等信息，并打印输出。

2. 数据库及数据表

数据库应用系统管理的对象是数据库及表，学生信息管理系统的数据被存储在 mydata 数据库中，它包括 major、student、course、score 等数据表，表的结构和数据记录见附录。

1.5.3 开发过程

1. 系统分析

系统分析包括可行性分析和需求分析两个方面：对系统开发进行可行性分析包括分析应用系统的开发目的和要求；需求分析与数据库的需求分析过程类似，请参考 1.4.2 节。

学生信息管理系统的功能包括录入、查询、修改与成绩管理相关的数据，并实现数据统计及输出。

在系统分析的基础上完成数据库设计、菜单设计。

2. 系统设计

系统设计包括数据设计和功能设计两个方面。

数据设计主要指建立数据模型，完成数据库。数据设计时根据系统分析的结果，将应用系统数据分解、归纳，并规范化为若干个数据表，确定每个表中的字段属性，以及数据表的索引、关联等。设计细节请参考数据库的概念模型设计、逻辑模型设计和物理模型设计。

功能设计指系统的具体实现，包括程序设计、菜单设计、输入/输出设计等内容。

3. 系统实施及测试

系统实施及测试主要完成主程序的设计及调试，应用系统投入运行后，进入系统维护阶段。

习　题

1. 选择题

（1）以下关于 MySQL 的描述中，正确的是哪一项？（　　）
A．MySQL 是关系数据库管理系统　　B．MySQL 是层次数据库管理系统
C．MySQL 是网络数据库管理系统　　D．MySQL 是文件管理系统

（2）数据库（DB）、数据库系统（DBS）、数据库管理系统（DBMS）三者之间的关系是哪一项？（　　）
A．DBS 包括 DB 和 DBMS　　B．DBMS 包括 DB 和 DBS
C．DB 包括 DBS 和 DBMS　　D．DBS 就是 DB，也是 DBMS

（3）下列各项中属于数据库系统最明显的特点是哪一项？（　　）
A．存储量大　　B．处理速度快　　C．数据共享　　D．使用方便

（4）关于关系的特点，下列说法正确的是哪一项？（　　）
　A．行列顺序有关　　　　　　　　B．属性名允许重名
　C．任意两个元组不允许重复　　　　D．一列数据不要求是相同数据类型
（5）专门的关系运算**不包括**哪一项？（　　）
　A．连接运算　　　B．选择运算　　　C．投影运算　　　D．交运算
（6）公司中有若干个部门和若干名职员，每名职员只能属于一个部门，一个部门可以有多名职员，部门与职员的联系类型是哪一项？（　　）
　A．$m:n$　　　　B．$1:n$　　　　C．$n:1$　　　　D．$1:1$
（7）设有关系 R_1 和 R_2，经过关系运算得到结果 S，S 属于哪一项？（　　）
　A．元组　　　　B．关系模式　　　C．数据库　　　　D．关系
（8）从关系模型中指定若干个属性组成新的关系，这属于哪一种运算？（　　）
　A．连接运算　　　B．投影运算　　　C．选择运算　　　D．排序运算
（9）对于现实世界中事物的特征，在实体联系模型中用哪一项来描述？（　　）
　A．属性　　　　B．关键字　　　　C．二维表格　　　D．实体
（10）对关系 S 和关系 R 进行集合运算，结果中既包含 S 中的元组也包含 R 中的元组，这属于哪一种集合运算？（　　）
　A．并运算　　　B．交运算　　　　C．差运算　　　　D．积运算

2．简答题
（1）什么是数据库？数据库包括哪些数据对象？
（2）简要概述数据库、数据库管理系统和数据库系统各自的含义。
（3）传统的数据模型包括哪几种？它们分别是如何表示实体之间的联系的？
（4）实体之间的联系类型有哪几种？分别举例说明。
（5）传统的关系运算和专门的关系运算各是什么？

第 2 章 MySQL 基础

MySQL 是一款流行的关系数据库管理系统软件，具有体积小、速度快、开放源码等特点。使用 MySQL 数据库需要掌握 SQL 语言和基本的语法元素。

本章介绍 MySQL 服务器的安装、配置、启动、登录的过程，搭建 MySQL 应用平台的方法，MySQL 的数据类型和运算符。以上这些是操作 MySQL 数据库的基础。

◆ 学习目标

（1）了解 MySQL 的特点。
（2）熟悉安装和配置 MySQL 服务器的过程。
（3）掌握启动、登录 MySQL 服务器的方法。
（4）了解 SQL 语言和 MySQL 语言的功能。
（5）熟练掌握 MySQL 的数据类型和运算符的应用。

◆ 知识结构

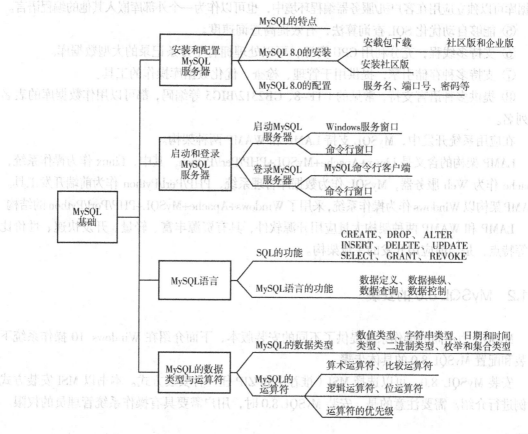

任务 2.1 安装和配置 MySQL 服务器

【任务描述】

学习和使用 MySQL 之前，应当先安装和配置 MySQL 服务器。

本任务是让读者了解 MySQL 的特点，在 Windows 操作系统中下载安装包，安装和配置 MySQL 服务器。

2.1.1 MySQL 的特点

MySQL 是一个关系数据库管理系统，由瑞典 MySQL AB 公司开发，目前属于 Oracle 公司。MySQL 数据库根据用户群体的不同，分为社区版和企业版。社区版是开源和免费的，但官方不提供技术支持，可以满足用户学习的需要。企业版提供数据仓库应用，支持事务处理，提供完整的提交、回滚、崩溃恢复和行级锁定功能，该版本需要付费使用，官方提供技术支持。

MySQL 具有以下特点。

① 支持类 UNIX、Linux、Windows、macOS 等多种操作系统。

② MySQL 是开源的，用户可以通过修改源码来定制自己的 MySQL 系统。

③ MySQL 由 C 和 C++编程语言编写，通过多种编译器测试，源代码具有可移植性。

④ 为 C、Java、Python、PHP 等多种语言提供 API，支持 ODBC、JDBC 等数据库连接。MySQL 数据库可以独立应用在客户机/服务器编程环境中，也可以作为一个外部库嵌入其他的编程语言。

⑤ 能够自动优化 SQL 查询算法，有效提高查询速度。

⑥ 支持多线程，充分利用 CPU 资源，可以处理拥有千万条记录的大型数据库。

⑦ 支持多种存储引擎，提供用于管理、检查、优化数据库操作的工具。

⑧ 提供多种语言支持，常见的 UTF-8、GB2312/BIG5 等编码，都可以用作数据库的表名和列名。

在应用系统开发中，MySQL 支持 LAMP 和 WAMP 两种架构。

LAMP 架构的含义是 Linux+Apache+MySQL+PHP/Perl/Python。其中，Linux 作为操作系统，Apache 作为 Web 服务器，MySQL 作为数据库管理系统，PHP/Perl/Python 作为前端开发工具。WAMP 架构以 Windows 作为操作系统，采用了 Windows+Apache+MySQL+PHP/Perl/Python 的结构。

LAMP 和 WAMP 两种架构大量应用开源软件，具有资源丰富、轻量、开发快速、性价比高等特点，是当前应用开发的主流架构。

2.1.2 MySQL 8.0 的安装

MySQL 为不同的操作系统提供了不同的安装版本，下面介绍在 Windows 10 操作系统下安装和配置 MySQL 8.0 的具体步骤。

安装 MySQL 8.0，可以选择 MSI（推荐）和 ZIP 任一种安装方式。本书以 MSI 安装方式为例进行介绍。需要注意的是，安装 MySQL 8.0 时，用户需要具有操作系统管理员的权限。

1. 下载安装包

从 MySQL 官网下载 MySQL 8.0 安装包。

选择 MySQL 官网的"DEVELOPER ZOEN"菜单，打开 MySQL 8.0 下载页面，如图 2-1 所示，在"Select Operating System："下拉列表中，选择"Microsoft Windows"选项。可以选择在线安装或离线安装（建议离线安装），单击"Download"按钮即可进入下载页面。

在下载页面会有是否注册的提示，用户跳过此步骤直接下载即可。

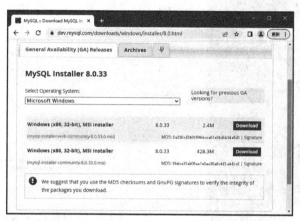

图 2-1　MySQL 8.0 下载页面

2. 安装步骤

在 Windows 10 操作系统安装 MySQL 8.0 的步骤如下。

① 双击下载的 mysql-installer-community-8.0.33.0.msi 文件，出现"License Agreement（用户许可协议）"窗口，选中"I accept the license terms"复选框；然后单击"Next（下一步）"按钮，进入"Choosing a Setup Type（选择安装类型）"界面，选择"Custom（自定义安装类型）"选项，如图 2-2 所示。

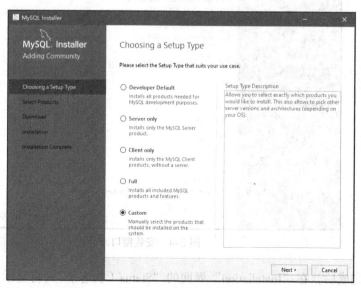

图 2-2　选择安装类型

② 单击"Next"按钮，进入"Select Products（产品选择）"界面，添加"MySQL Server 8.0.33-X64""Connector/Python 8.0.33-X64""MySQL Documentation 8.0.33-X86""Samples and Examples 8.0.33-X86"等组件，如图 2-3 所示。这些选项用于安装服务器、文档和一些示例。

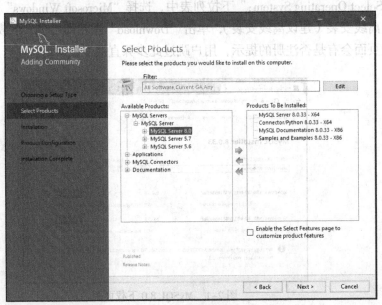

图 2-3　选择安装的产品

③ 单击"Next"按钮，进入"Installation（安装）"界面，单击"Execute（执行）"按钮来安装 MySQL 8.0，如图 2-4 所示。

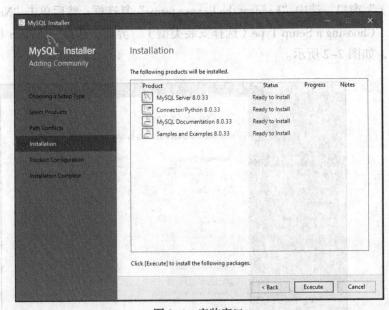

图 2-4　安装窗口

④ 安装完成后，在"Installation"界面的"Status（状态）"列将显示"Complete（安装完成）"，如图 2-5 所示。

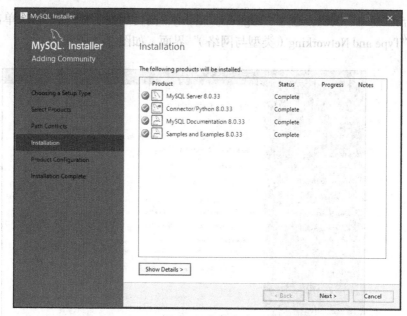

图 2-5 安装完成

2.1.3 MySQL 8.0 的配置

MySQL 8.0 安装完成后，还需要配置连接协议、端口号、授权方式、账户密码、服务器名等信息，步骤如下。

① 在图 2-5 所示的窗口中，单击 "Next" 按钮，进入 "Product Configuration（产品配置）"界面，如图 2-6 所示。

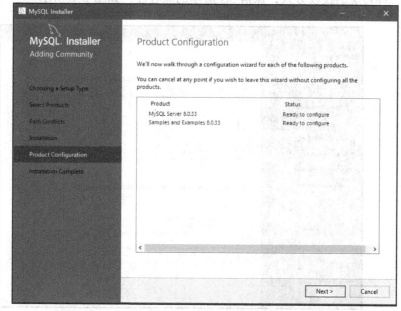

图 2-6 产品配置界面

② 单击"Next"按钮，进入"High Availability（高可用性）"界面；再次单击"Next"按钮，进入"Type and Networking（类型与网络）"界面，如图2-7所示。

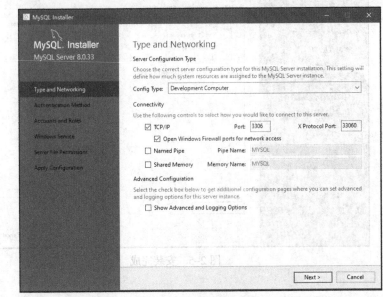

图2-7　选择类型与网络

在"Config Type:"下拉列表中选择"Development Computer（开发机器）"，该选项可以将 MySQL 服务器配置成使用最少的系统资源，建议选择该项；默认选择 TCP/IP 网络，使用默认端口 3306，也可以选择其他未使用的端口；选择"Open Windows Firewall ports for network access"复选框，保证防火墙允许通过该端口访问数据库。

③ 单击"Next"按钮，进入"Authentication Method（授权方式）"界面，在这里选中第2个单选框，即传统的授权方式，保留 5.x 版本的兼容性，如图2-8所示。

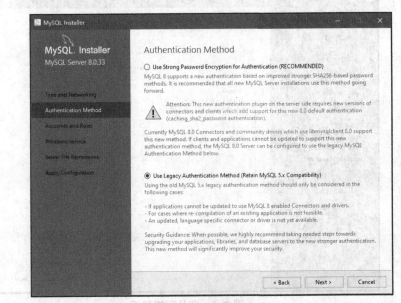

图2-8　选择授权方式

④ 单击"Next"按钮，进入"Accounts and Roles（账户与角色）"界面，如图 2-9 所示，输入两次相同的密码。输入密码后，安装程序会自动提示密码的强弱程度。

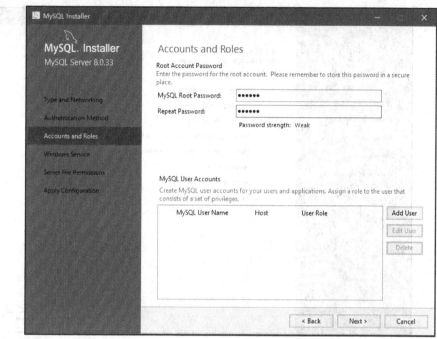

图 2-9　设置账户名和密码

⑤ 单击"Next"按钮，进入"Windows Service（Windows 服务）"界面，设置服务器名称。本书中的服务器名称为"MySQL80"，并设置开机启动 MySQL 服务，如图 2-10 所示。

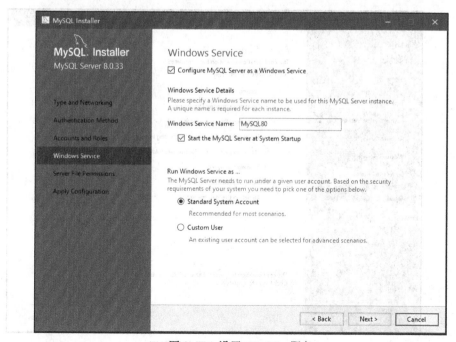

图 2-10　设置 Windows 服务

⑥ 单击"Next"按钮，进入"Apply Configuration（应用配置）"界面，如图 2-11 所示。

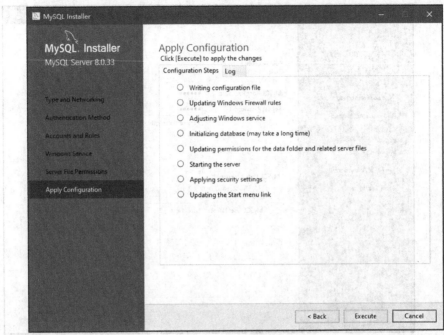

图 2-11　应用配置界面

⑦ 单击图 2-11 中的"Execute"按钮，即可自动配置 MySQL 服务器，配置完成后，单击"Finish（完成）"按钮，完成服务器配置，如图 2-12 所示。

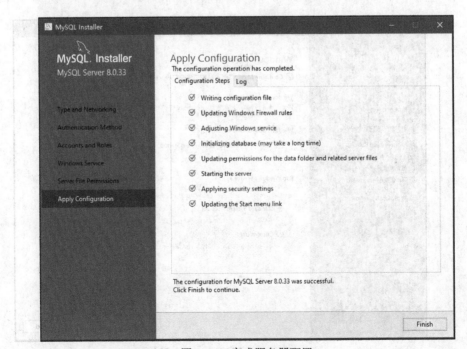

图 2-12　完成服务器配置

任务 2.2　启动和登录 MySQL 服务器

【任务描述】

安装和配置完成后，还需要启动 MySQL 服务器进程，然后通过客户端登录数据库。启动和关闭 MySQL 服务器可以在 Windows 10 操作系统的服务窗口或命令行窗口进行。

本任务是启动并登录 MySQL 服务器，为后续测试 MySQL 的数据类型和运算符操作做好准备。

2.2.1　启动 MySQL 服务器

启动 MySQL 服务器即启动 MySQL 服务。配置 MySQL 服务器时一般设置为开机启动（见图 2-10），并不需要用户手工启动。如果用户要启动或关闭 MySQL 服务器，可以在 Windows 10 操作系统的服务窗口或命令行窗口实现。

1. 在 Windows 10 操作系统的服务窗口中启动

在 Windows 10 操作系统的服务窗口中，启动 MySQL 服务器的步骤如下。

① 在 Windows 10 操作系统的任务栏的"搜索"框中输入"services.msc"命令并按"Enter"键，出现"服务"窗口，如图 2-13 所示，可以看到 MySQL 服务器（名为 MySQL80）的运行状态，单击左侧的"停止""暂停""重启动"等链接来改变 MySQL 服务器的状态。

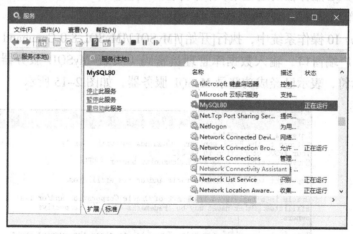

图 2-13　Windows 10 操作系统的服务窗口

② 在 Windows 10 操作系统的服务窗口还可以查看或更改 MySQL 服务器的启动类型，在"服务"窗口中的名称为"MySQL80"的服务上单击鼠标右键，在弹出的快捷菜单中选择"属性"命令，在出现的对话框中可设置"启动类型"为"自动"/"手动"/"禁用"。

2. 在命令行窗口中启动

在命令行窗口中可以使用 net 命令启动或关闭 MySQL 服务器。

启动 MySQL 服务时，以管理员身份进入命令行窗口，输入命令"net start 服务名"可启动 MySQL 服务。如果输入命令"net stop 服务名"则关闭 MySQL 服务器。

图 2-14 显示了在命令行窗口启动和关闭 MySQL 服务器的过程，其中，mysql80 是默认的服务器名。再次强调，命令行窗口一定要以管理员身份启动。

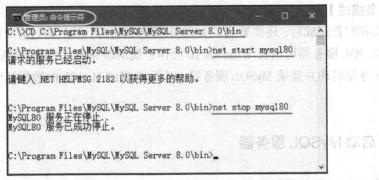

图 2-14　在命令行窗口中启动和关闭 MySQL 服务器

2.2.2　登录 MySQL 服务器

在 Windows 10 操作系统中，可以通过 MySQL 命令行客户端或命令行窗口中的任一种方式登录 MySQL 服务器。

1. 通过 MySQL 命令行客户端方式

在安装 MySQL 服务器的过程中，命令行客户端会被自动配置到计算机上，因此我们可以从"开始"菜单启动并以 C/S 模式连接 MySQL 服务器。

在 Windows 10 操作系统中，执行[开始]/[MySQL]/[MySQL 8.0 Command Line Client]命令，进入命令行客户端窗口，输入数据库管理员密码（安装 MySQL 服务器时设置的），出现"mysql>"提示符，表示已经成功登录 MySQL 服务器，如图 2-15 所示。

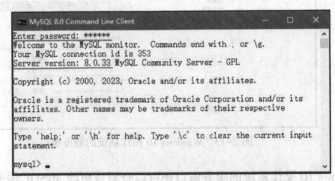

图 2-15　通过命令行客户端登录 MySQL 服务器

2. 通过命令行窗口方式

通过 Windows 10 操作系统的命令行窗口登录 MySQL 服务器的过程与启动和关闭 MySQL 服务类似，步骤如下。

① 在 Windows 10 操作系统的任务栏的"搜索"框中输入"cmd"命令并按"Enter"键，进入命令行窗口。

② 输入"CD C:\Program Files\MySQL\MySQL Server 8.0\bin"命令并按"Enter"键，进入 MySQL 的可执行文件目录（bin 目录）。

③ 输入"mysql –u root –p"命令并按"Enter"键，根据提示输入密码，出现"mysql>"提示符，表示已经成功登录 MySQL 服务器，如图 2-16 所示。

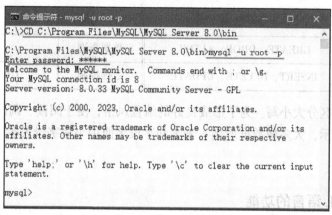

图 2-16　通过命令行窗口登录 MySQL 服务器

任务 2.3　MySQL 语言

【任务描述】

MySQL 通过一系列命令操作数据库及数据库对象，其核心是 SQL 语言。

本任务是让读者掌握 SQL 语言的特点和操作数据库的 SQL 命令，掌握 MySQL 语言的功能。

2.3.1　SQL 的功能

SQL 的含义是结构查询语言，是关系数据库的通用语言，可用于 Oracle、Sybase、SQL Server、MySQL 等数据库管理系统。SQL 包括数据定义、查询、操纵和控制等功能，不同的数据库管理系统根据需要扩展了 SQL 的功能。

1. SQL 的特点

① SQL 是一体化语言。SQL 的核心是查询，它将数据定义、数据查询、数据操纵和数据控制集于一体，可以独立完成数据库的全部操作。

② SQL 是非过程语言。它的大多数语句都是独立执行的，与上下文无关。SQL 既不是数据库管理系统，也不是应用软件开发语言，只用于操作数据库中的数据。

③ SQL 是自含式语言，还是嵌入式语言。SQL 作为自含式语言，能够独立地用于联机交互，用户可以通过键盘输入 SQL 命令直接对数据库进行相关操作；而作为嵌入式语言，SQL 语句又能够嵌入多种高级语言程序，供开发者使用。而且在这两种不同的使用方式下，SQL 的语法结构基本一致。SQL 以统一的语法结构提供两种不同的使用方式，为开发者提供了极大的灵活性和方便性。

2. SQL 的命令动词

SQL 功能强大，可以完成数据定义、数据查询、数据操纵和数据控制功能，但其核心功能只需要用到 9 个动词，见表 2.1。

表 2.1 SQL 的命令动词

SQL 功能	命令动词	SQL 功能	命令动词
数据定义	CREATE、DROP、ALTER	数据查询	SELECT
数据操纵	INSERT、DELETE、UPDATE	数据控制	GRANT、REVOKE

SQL 命令不区分大小写。为了形成良好的编程风格，便于阅读、调试，本书中 SQL 关键字用大写字母表示，大多数数据库名、表名和字段名使用小写字母表示（少数首字母大写、其余字母小写）。

2.3.2 MySQL 语言的功能

MySQL 语言以标准 SQL 为主体，并进行了扩展。MySQL 数据库所支持的 SQL 功能如下。

1. 数据定义

数据定义语言（DDL）用于对数据库及数据库中的各种对象进行创建、删除、修改等操作。数据定义主要使用 SQL 的 CREATE、ALTER、DROP 等语句实现。

2. 数据操纵

数据操纵语言（DML）用于操纵数据库中的各种对象，进行插入、修改、删除等操作。数据操纵主要通过 SQL 的 INSERT、UPDATE、DELETE 等语句实现。

3. 数据查询

数据查询语言（DQL）用于从表或视图中检索数据，SELECT 语句是使用最频繁的 SQL 语句之一。

4. 数据控制

数据控制语言（DCL）用于安全管理，即确定哪些用户可以查看或修改数据库中的数据。实现数据控制的 GRANT 语句用于授予权限，REVOKE 语句用于收回权限。

MySQL 还支持存储过程、触发器，在其中需要使用常量、变量、运算符、表达式、内置函数等语言元素，这部分不是标准 SQL 所包含的内容，而是为了用户编程方便而增加的语言元素。

任务 2.4 MySQL 的数据类型与运算符

【任务描述】

本任务是让读者掌握 MySQL 的数据类型和运算符，并且能在 MySQL 的命令行客户端应用。

2.4.1 MySQL 的数据类型

这里所说的数据类型是指数据库系统所存储数据的类型，在数据库的表中，主要是指字段（列）的数据类型。数据类型定义了数据的存储格式、取值范围和占用字节数等内容。MySQL 的数据类型包括数值类型、字符串类型、日期和时间类型、二进制类型等。

1. 数值类型

数值类型是 MySQL 中最基本的数据类型，包括整型、浮点型、定点型 3 种。

（1）整型

MySQL 支持 SQL 标准的整型——INTEGER（INT）和 SMALLINT 数据。作为标准 SQL 的扩展，MySQL 还支持 TINYINT、MEDIUMINT、BIGINT 等类型数据。整型数据的取值范围和占用字节数见表 2.2。不含小数点的十进制数，如 2000、-9814 等是整数数据。

表 2.2 整型数据的取值范围和占用字节数

数据类型	无符号数取值范围	有符号数取值范围	字节数
TINYINT	0～255	-128～127	1
SMALLINT	0～65535	-32768～32767	2
MEDIUMINT	0～16777215	-8388608～8388607	3
INT	0～4294967295	-2147483648～2147483647	4
BIGINT	0～$2^{64}-1$	-2^{63}～$2^{63}-1$	8

（2）浮点型

浮点型对应数学中的实数类型，用于表示带有小数部分的数据，包括使用科学记数法的数据。浮点型包括单精度浮点数 FLOAT 和双精度浮点数 DOUBLE，它们的含义和占用字节数见表 2.3，例如 37.93、3.14、-2.2E5 等都是浮点型数据。

表 2.3 浮点型数据的含义和占用字节数

数据类型	含义	字节数
FLOAT(m,d)	8 位精度，m 表示总位数，d 表示小数的位数	4
DOUBLE(m,d)	16 位精度，m 表示总位数，d 表示小数的位数	8

（3）定点型

定点型用于存储必须被保存为确切精度的数据。在 MySQL 中，DECIMAL(m,d) 和 NUMERIC(m,d) 可被视为相同的定点型数据，其中，m 表示总位数，d 表示小数的位数。

在 MySQL 数据库中，存储数值类型的数据应参考下面的原则。

① 选择最小的可用类型。如果数据表示的值不超过 127，应使用 TINYINT 类型。
② 如果表示全部由数字组成的数据，即无小数点时，可以选择整型。
③ 在需要表示金额等货币类型时，优先选择 DECIMAL 类型。

2. 字符串类型

字符串类型数据是用单引号或双引号括起的字符序列，例如，'hello'、"Welcome"、'MySQL 8.0'等都是字符串类型数据。常用的字符串类型有 CHAR(n)、VARCHAR(n)、TINYTEXT、TEXT 等，见表 2.4。

表 2.4 常用的字符串类型及其含义

数据类型	含义
CHAR(n)	固定长度字符串，最多包含 255 个字符
VARCHAR(n)	可变长度字符串，最多包含 65535 个字符
TINYTEXT	可变长度文本，最多包含 255 个字符
TEXT	可变长度文本，最多包含 65535 个字符

关于字符串类型，具体说明如下。

① CHAR(n)、VARCHAR(n)中的 n 表示的是字符数，并不表示字节数。使用中文编码（UTF-8）时，插入 n 个中文字符，实际占用 3n 字节。

② CHAR 和 VARCHAR 的主要区别在于实际占用的存储空间不同。CHAR(n)表示一定占用 n 个字符的空间，而 VARCHAR(n)只会占用字符应该占用的实际空间+1，并且实际空间+1<n。存储字符数超过 CHAR(n)和 VARCHAR(n)的 n 值后，字符串后面的超过部分会被截断。

③ CHAR(n)类型在存储时会截断尾部的空格，VARCHAR(n)和 TEXT 则不会。

3. 日期和时间类型

MySQL 支持 5 种日期和时间类型：DATE、TIME、YEAR、DATETIME、TIMESTAMP。每种类型都有其取值范围，如果为日期和时间类型赋予不合法的值，则其取值为 0。日期和时间类型数据的取值范围和数据格式等见表 2.5。

表 2.5 日期和时间类型数据的取值范围和数据格式

数据类型	取值范围	数据格式	说明
DATE	1000-01-01～9999-12-31	YYYY-MM-DD	日期
TIME	-838:59:59～838:59:59	HH:MM:SS	时间
YEAR	1901～2155	YYYY	年份
DATETIME	1000-01-01 00:00:00～9999-12-31 23:59:59	YYYY-MM-DD HH:MM:SS	日期和时间
TIMESTAMP	1970-01-01 00:00:00～2038 年某一时间	YYYYMMDDHHMMSS	时间标签

日期和时间类型数据用单引号或双引号引起来，并按指定的数据格式表示。例如，"2023-11-12" 是 DATE 类型数据，数据格式是 "YYYY-MM-DD"；'09:12:35.22'是 TIME 类型数据，数据格式是 "HH:MM:SS"；"2023-06-29 22:50:28"是 DATETIME 类型数据，数据格

式是"YYYY-MM-DD HH:MM:SS"。

4. 二进制类型

二进制类型主要包含 BINARY、VARBINARY、BLOB 等 3 种。

（1）BINARY 和 VARBINARY 类型

BINARY 与 CHAR 类型相似，VARBINARY 与 VARCHAR 类型相似，分别用于存储定长数据和非定长数据。

BINARY 和 VARBINARY 存储的不是字符串，而是二进制串。BINARY 用于存储定长二进制串，VARBINARY 用于存储非定长二进制串。

（2）BLOB 类型

BLOB 是二进制大对象，用于存储可变数量的数据，可以存储数据量很大的二进制数据，如图片、音频、视频等数值化后的二进制数据。在大多数情况下，可以将 BLOB 视为足够大的 VARBINARY 类型。BLOB 包含 TINYBLOB、BLOB、MEDIUMBLOB、LONGBLOB 这 4 种类型，它们的区别是可存储的最大长度不同。

5. 枚举类型和集合类型

枚举类型（ENUM）和集合类型（SET）是 MySQL 的复合数据类型。

一个 ENUM 数据是一个字符串对象的集合。在创建表时，字段的值被限制为 ENUM 对象定义的 1 个值。

一个 SET 数据也是一个字符串对象的集合。在创建表时，字段的值被限制为 SET 对象定义的 1 或多个值。

例如，student 表中的 gender（性别）字段，被定义为 gender ENUM("男","女")，表示 gender 的取值只能为男或女或 NULL 中的一个。

student 表中的 interest（兴趣）字段，被定义为 interest SET("篮球","游泳","跑步")，表示 interest 的取值可以是 3 个选项中的 1～3 个。

需要说明的是，MySQL 官方文档目前不支持 BOOLEAN 类型，如果需要使用，可以用 TINYINT(1) 代替。但 MySQL 支持 TRUE 和 FALSE 两种布尔值，TRUE 的数值为 1，FALSE 的数值为 0。

2.4.2 MySQL 的运算符

MySQL 的运算符可以分为算术运算符、比较运算符、逻辑运算符和位运算符等。

1. 算术运算符

算术运算符将数值型数据连接起来构成算术表达式，算术表达式的运算结果是数值型数据。算术运算符的优先级顺序和一般算术规则相同。算术运算符的含义及表达式示例见表 2.6。

表 2.6 算术运算符的含义及表达式示例

运算符	功能	表达式示例	值
+	加法运算	SELECT 3+2;	5
-	减法运算	SELECT 3-2;	1

运算符	功能	表达式示例	值
*	乘法运算	SELECT 3*2;	6
/	除法运算	SELECT 3/2;	1.5
%	求模运算，返回余数	SELECT 3%2;	1

在 MySQL 的命令行客户端，可以使用 SELECT 命令测试不同运算符的功能。

【例 2-1】 在 MySQL 命令行客户端，计算算术表达式的值。

```
mysql> SELECT 100%97;
+--------+
| 100%97 |
+--------+
|      3 |
+--------+
1 row in set (0.00 sec)
mysql> SELECT 100%25,2.5*4;
+--------+-------+
| 100%25 | 2.5*4 |
+--------+-------+
|      0 |  10.0 |
+--------+-------+
1 row in set (0.00 sec)
```

2. 比较运算符

比较运算符也称为关系运算符，用于比较两个同类型的数据，其运算结果为 1（真）、0（假）、NULL（不确定）。

相同类型的数据都可以进行比较，比较规则如下。

① 数值型和货币型数据按照其数值的大小进行比较。

② 日期和时间型数据比较时，越早的日期或时间数值越小，越晚的日期或时间数值越大。

③ 两个字符串比较，按字符串从左向右的顺序依次比较两个字符串中对应位置上字符的大小（比较字符的编码），直到不相等时，较大字符所在的字符串就大；如果两个字符串中对应位置上的字符全部相等且字符个数也相同，则两个字符串相等。

比较运算符及表达式示例见表 2.7。

表 2.7 比较运算符及表达式示例

运算符	功能	表达式示例	表达式值
>, >=	大于，大于等于	SELECT 8*2>=20	0
<, <=	小于，小于等于	SELECT 8*2<20	1
<>, !=	不等于	SELECT 8*2!=20	1
=	等于	SELECT 8*2=20	0

3. 逻辑运算符

逻辑运算符用于数据的逻辑运算，对某些条件是否成立进行判断，运算结果为 1（真）、0（假）、NULL（不确定）。

逻辑运算符包括 NOT、AND、OR、XOR 这 4 种，各逻辑运算符及表达式示例见表 2.8。

表 2.8 逻辑运算符及表达式示例

运算符	功能	表达式示例	表达式值
NOT	逻辑非	SELECT NOT 24<>23	0
AND	逻辑与	SELECT 3*5=16 AND 1	0
OR	逻辑或	SELECT "1999-9-9"<"2020-1-1" OR 0;	1
XOR	逻辑异或	SELECT 33 XOR 0;	1

在表 2.8 中，逻辑非运算符（NOT）是单目运算符，只作用于后面的一个关系（逻辑）表达式。逻辑与（AND）与逻辑或（OR）是双目运算符，用于连接两个关系（逻辑）表达式。逻辑运算符的运算规则如下。

① 对于 NOT 运算：若 NOT 后面的表达式值为非 0，则返回 0；反之，若表达式为 0，则返回 1。

② 对于 AND 运算：只有 AND 两侧的表达式值同时为 1，逻辑表达式值才为 1；只要其中一个为 0，则逻辑表达式值为 0。

③ 对于 OR 运算：OR 两侧表达式的值中只要有一个为 1，逻辑表达式值即为 1；只有两个表达式值均为 0 时，逻辑表达式值才为 0。

④ 对于 XOR 运算：XOR 两侧表达式的值均为 0 或 1，运算结果为 0；若一个值为 0，另一个值为非 0，运算结果为 1。

【例 2-2】 在 MySQL 命令行客户端，计算关系表达式和逻辑表达式的值。

```
mysql> SELECT "1999-9-9"<"2020-1-1" AND 3;
+-----------------------------+
| "1999-9-9"<"2020-1-1" AND 3 |
+-----------------------------+
|                           1 |
+-----------------------------+
1 row in set (0.00 sec)

mysql> SELECT NOT 100<>50*2;
+---------------+
| NOT 100<>50*2 |
+---------------+
|             1 |
+---------------+
1 row in set (0.00 sec)
```

4. 位运算符

位运算符用于对操作数的二进制数上的二进制位进行运算。运算时，先将操作数转换为二进制数，进行位运算，再将计算结果从二进制数转换为十进制数。MySQL 支持的位运算符及表达式示例见表2.9。

表 2.9 位运算符及表达式示例

运算符	功能	表达式示例	表达式值
&	按位与	SELECT 6&4;	4
|	按位或	SELECT 6|4;	6
~	按位非	SELECT ~(-6);	5
^	按位异或	SELECT 6^4;	2
<<	按位左移	SELECT 6<<2;	24
>>	按位右移	SELECT 6>>2;	1

5. 运算符的优先级

表达式是标识符和运算符按一定的语法形式组成的序列。表达式中的运算符是存在优先级的，**优先级**是指在同一个表达式中多个运算符被执行的次序。在计算表达式的值时，应按运算符的优先级由高到低的次序执行。如果表达式包含多个具有相同优先级的运算符，那么排在前面的运算符比排在后面的优先级高。

运算符的优先级见表2.10。在表达式中，可以使用括号（）显式地标明运算次序，括号中的表达式首先被计算。

表 2.10 运算符的优先级

优先次序	运算符	功能
1	!	逻辑非
2	~、+、-	按位取反、正数、负数
3	^	按位异或
4	*、/、%	乘、除、求余数
5	+、-	加、减
6	>>、<<	右移、左移
7	&	按位与
8	|	按位或
9	<、>、<=、>=、!=、<>	比较运算符
10	NOT	逻辑非
11	AND	逻辑与
12	XOR	逻辑异或
13	OR	逻辑或
14	=、:=	赋值

在逻辑表达式中，可以出现不同类型的运算符。SQL 运算的优先顺序：首先执行算术运算、字符串运算和日期时间运算，然后执行关系运算，最后执行逻辑运算。

【例 2-3】 计算由不同类型的运算符组成的表达式的值，掌握运算符优先级的应用。

```
mysql> SELECT 4*2 AND "2021-1-1">"2022-10-1" AND -97;
+------------------------------------------+
| 4*2 AND "2021-1-1">"2022-10-1" AND -97   |
+------------------------------------------+
|                                        0 |
+------------------------------------------+
1 row in set (0.00 sec)

mysql> SELECT ((21%4)=1) AND 22/4<3;
+-----------------------+
| ((21%4)=1) AND 22/4<3 |
+-----------------------+
|                     0 |
+-----------------------+
1 row in set (0.00 sec)

mysql> SELECT ((21%4)=1) AND 22/4<3 OR "abc"!="ABC";
+---------------------------------------+
| ((21%4)=1) AND 22/4<3 OR "abc"!="ABC" |
+---------------------------------------+
|                                     0 |
+---------------------------------------+
1 row in set (0.00 sec)
```

上机实践

1. 启动和关闭 MySQL 服务器
（1）MySQL 服务器名为 MySQL80，在 Windows 的命令行窗口，启动和关闭 MySQL 服务器。
（2）查找 MySQL 的可执行文件 mysql.exe 的存储路径。

2. 执行 MySQL 命令
在 MySQL 命令行客户端，执行下列命令，观察运行结果。
```
mysql> SELECT "100+2";
mysql> SELECT '2.5a'+3;
mysql> SELECT 33+"stu32";
mysql> SELECT 33+"32stu";
mysql> SELECT "Rose\nTom";
mysql> SELECT -2.0*4.0;
```

习 题

1. 选择题
（1）在 MySQL 中，数据库服务器、数据库和表的关系，正确的说法是哪一项？（   ）

A．一个数据库服务器只能管理一个数据库，一个数据库只能包含一个表
B．一个数据库服务器可以管理多个数据库，一个数据库可以包含多个表
C．一个数据库服务器只能管理一个数据库，一个数据库可以包含多个表
D．一个数据库服务器可以管理多个数据库，一个数据库只能包含一个表

（2）在 SQL 语句中，可以实现查找功能的命令是哪一项？（　　）
A．UPDATE　　　B．FIND　　　C．SELECT　　　D．CREATE

（3）以下**不属于** SQL 功能的是哪一项？（　　）
A．数据安全　　　B．数据控制　　　C．数据定义　　　D．数据查询

（4）以下用于实现 SQL 数据定义功能的是哪一项？（　　）
A．INSERT　　　B．UPDATE　　　C．DELETE　　　D．CREATE

（5）以下**不属于** MySQL 的数据类型的是哪一项？（　　）
A．INTEGER　　　B．VAR　　　C．CHAR　　　D．VARCHAR

（6）以下**不属于** MySQL 运算符的是哪一项？（　　）
A．*　　　B．%　　　C．~　　　D．--

2．简答题

（1）MySQL 的数据类型分为哪几类？SMALLINT 数据类型占用的字节数是多少？

（2）在 MySQL 中，VARCHAR 与 CHAR 的区别是什么？VARCHAR(100)的含义是什么？

（3）对于超过 200 个汉字的内容，使用 TEXT 和 TINYTEXT 哪个类型存储更合理？

（4）语句 SELECT "1+2";的显示结果是什么？

（5）语句 SELECT 'Abc'='abc';的显示结果是什么？

第 3 章　创建与操作 MySQL 数据库和表

使用 MySQL 数据库要掌握数据库（包括数据库中的各种对象）的操作方法，可以在 MySQL 的命令行客户端操作数据库，也可以使用数据库管理工具方便地操作数据库。

本章介绍 MySQL 数据库的创建、修改，表的创建、查看、修改、删除等基本操作；还介绍使用 Navicat Premium 管理 MySQL 数据库的方法。

✧ 学习目标

（1）了解 MySQL 数据库的类型。
（2）熟练使用 SQL 命令创建和修改数据库。
（3）熟练使用 SQL 命令创建和修改表。
（4）掌握实现数据完整性约束的操作方法。
（5）熟练使用 Navicat Premium 管理数据库和表。

✧ 知识结构

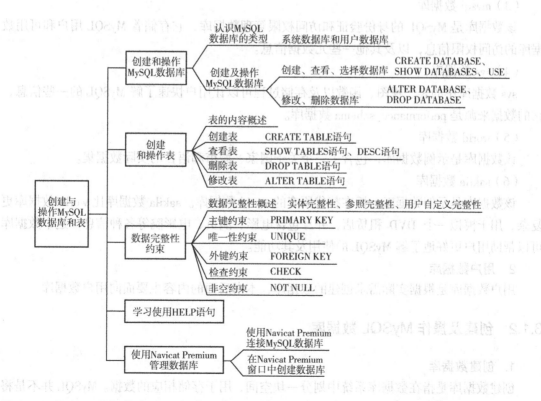

任务 3.1　创建和操作 MySQL 数据库

【任务描述】

MySQL 是数据库管理系统，主要功能是管理和维护数据库，从而让用户方便有效地访问数据库中的数据。

本任务是让读者了解创建、查看、选择、修改和删除数据库的操作步骤。

3.1.1　认识 MySQL 数据库的类型

MySQL 数据库可分为系统数据库和用户数据库。

1. 系统数据库

安装完 MySQL 服务器后，MySQL 会自动安装 6 个系统数据库，具体如下。

（1）information_schema 数据库

该数据库主要用于存储系统中的一些数据库对象信息，如用户表信息、字段信息、权限信息、字符集信息和分区信息等。information_schema 数据库不存储用户数据。

（2）performance_schema 数据库

该数据库是 MySQL 的性能分析数据库，通过监控 MySQL 服务器和资源使用情况，让用户可以更好地了解 MySQL 服务器的运行情况。

（3）mysql 数据库

该数据库是 MySQL 的身份验证和访问权限管理数据库，它存储着 MySQL 用户和可用数据库的访问权限信息，以及其他一些元数据信息。

（4）sys 数据库

sys 数据库中的表、视图、函数以及存储过程可以让用户快速了解 MySQL 的一些信息，它的数据来源是 performance_schema 数据库。

（5）world 数据库

该数据库是示例数据库，包含了一个关于国家、城市和语言的实际数据集。

（6）sakila 数据库

该数据库是示例数据库，旨在替代原有的 world 数据库。sakila 数据库比 world 数据库更复杂，用于模拟一个 DVD 租赁店，并且包含电影、演员、电影院等各种信息。这个数据库可以帮助用户更好地了解 MySQL 的使用及其功能。

2. 用户数据库

用户数据库是根据实际需求创建的数据库，本书后面的内容主要面向用户数据库。

3.1.2　创建及操作 MySQL 数据库

1. 创建数据库

创建数据库是指在数据库系统中划分一块空间，用于存储相应的数据。MySQL 并不是将所有数据保存在一个大仓库内，而是保存在不同的表中。创建数据库是操作表的基础，也是数据管理的基础。在 MySQL 中创建数据库的 SQL 语句语法格式如下。

```
CREATE DATABASE [IF NOT EXISTS] 数据库名;
```

说明如下。

① []内的语句为可选项，IF NOT EXISTS 表示数据库不存在时才创建数据库。

② 在 MySQL 中，以英文半角";"作为一条命令的结束符，在 Windows 系统下，MySQL 默认不区分英文的大小写。

③ 数据库名由英文字母、阿拉伯数字、下划线和"$"组成，可以使用任意字符开头，但不能使用单独的数字作为数据库的名字。

④ 不能使用 MySQL 的关键字作为数据库名、表名等。

【例 3-1】 创建数据库 mydata。

```
mysql> CREATE DATABASE IF NOT EXISTS mydata;
Query OK, 1 row affected (0.01 sec)
```

正确执行 SQL 语句后，返回提示信息"Query OK, 1 row affected (0.01 sec)"，含义如下。

① Query OK：表示 SQL 语句执行成功。

② 1 row affected：表示操作影响的行数。

③ *sec：表示操作执行的时间。

2. 查看数据库

在 MySQL 中，查看已经存在的数据库可以使用查看数据库命令，语法格式如下。

```
SHOW DATABASES [LIKE '数据库名'];
```

说明如下。

[LIKE '数据库名']是可选项，其中数据库名可以是完整匹配，也可以是部分匹配（使用"%"代替省略部分）。LIKE 选项省略时，表示查询当前用户可查看的所有数据库名称。数据库名由单引号或双引号引起来。

【例 3-2】 查看 MySQL 中的所有数据库。

查看数据库的运行结果如下。

```
mysql> SHOW DATABASES;
+--------------------+
| Database           |
+--------------------+
| information_schema |
| mydata             |
| mysql              |
| performance_schema |
| sakila             |
| sys                |
| world              |
+--------------------+
7 rows in set (0.00 sec)
```

从运行结果中可以看出，执行完该语句，会显示一个列表。该列表中除了有新建的 mydata 数据库，还有其他系统自动创建的数据库。

3. 选择数据库

数据是存放在表中的,表存放在数据库中。在对数据进行操作之前,首先要确定该表所在的数据库。选择数据库的语法格式如下。

```
USE 数据库名;
```

【例 3-3】 分别选择 mydata 数据库和 mybase 数据库。

```
mysql> USE mydata;
Database changed
mysql> USE mybase;
ERROR 1049 (42000): Unknown database 'mybase'
```

从运行结果中可以看出,如果选择的数据库存在且用户有权限访问,则提示"Database changed",表示数据库已切换;如果选择的数据库不存在,则会出现出错的提示信息。

4. 修改数据库

修改数据库是指修改现有数据库的相关参数,但不能修改数据库名称,语法格式如下。

```
ALTER DATABASE [数据库名] [DEFAULT] CHARACTER SET [=] 字符集;
```

说明:该语句用于修改指定数据库的参数,未指定数据库名时则修改当前默认数据库的参数。

5. 删除数据库

应当及时删除不再使用的数据库。删除数据库的同时将删除其中的所有数据对象,所以删除数据库时需要特别谨慎。删除数据库的语法格式如下。

```
DROP DATABASE [IF EXISTS] 数据库名;
```

【例 3-4】 删除 mydata 数据库。

删除数据的运行结果如下。

```
mysql> DROP DATABASE mydata;
Query OK, 10 rows affected (0.06 sec)
```

成功删除 mydata 数据库后,通过查看数据库语句,可以看到该数据库在数据库列表中已经不存在了。

任务 3.2　创建和操作表

【任务描述】

数据库中的表是最基本的数据对象,是存储数据的基本单位。设计合理的表结构可以减少数据冗余,提升数据库的性能。

本任务是让读者学习使用 SQL 语句创建数据库表 student,实现查看表、修改表以及删除表操作。

3.2.1　表的内容概述

MySQL 数据库中的数据被保存在不同的表中。学生表的关系模型描述:学生(学号、姓名、性别、出生日期、专业、奖学金、地址)。下面详细介绍学生表中的数据和表的结构。

1. 学生表中的数据

将学生表命名为 student，表中的数据见表 3.1。

表 3.1 student 表中的数据

sno	sname	sex	birthday	major	award	address
151001	耿子强	男	2004-02-08	计算机	NULL	上海市黄浦区
156004	丁美华	女	2005-03-17	计算机	3200.00	北京市朝阳区
156006	陈娜	女	2005-07-28	计算机	3000.50	天津市滨海新区
221002	李思璇	女	2004-01-30	数学	4530.00	大连市西岗区
226005	吴小迪	女	2005-12-14	数学	2980.50	沈阳市和平区
341003	韩俊凯	男	2004-06-29	会计	2980.50	上海市长宁区
341004	王文新	男	2004-04-23	会计	3100.00	北京市东城区

表的概念与关系模型的概念是对应的，具体如下。

① 表。表是数据库中存储数据的对象，每个数据库包含若干个表，表由行和列组成。例如，表 3.1 包含了 5 行 7 列数据。

② 表结构。每个表都有一定的结构，表结构包含一组固定的列，列由数据类型、长度、是否允许 NULL 值、键、默认值等组成。

③ 记录。每个表包含若干行数据，表中的一行称为一条记录（record）。表 3.1 包括 5 条记录。

④ 字段。每条记录由若干个数据项（列）构成，构成记录的每个数据项就称为字段（field）。表 3.1 包含 7 个字段。

⑤ 空值。空值（null）通常表示未知、不可用或不确定，可以在后续操作中添加数据来替换空值。

⑥ 关键字。关键字用于唯一地标识记录，如果表中记录的某一字段或字段组合能唯一地标识记录，则该字段或字段组合就称为候选键。如果一个表有多个候选键，则可选定其中的一个作为主键（primary key）。表 3.1 的主键为 sno。

⑦ 默认值。默认值指在插入数据时，当没有明确给出某列的值时，系统会为此列指定一个值。在 MySQL 中，默认值使用关键字 DEFAULT 定义。

2. 学生表结构

在数据库设计过程中，最重要的是表结构设计。合理的表结构设计会有较高的存储效率和安全性。

创建表的核心是定义表结构并设置表和字段的属性。创建表前，首先要确定表名和表的属性。表所包含的字段名、数据类型、空值、键、默认值等属性构成了表结构。

数据库 mydata 拟创建专业（speciality）表、学生（student）表、课程（course）表和成绩（score）表，参见附录。下面，以 student 表为例介绍字段的定义过程。

① sno 字段是学生的编号，该列的数据类型为 int，不允许为空，无默认值，n 的值为 8。在 student 表中，只有 sno 字段能唯一地标识一名学生，所以将 sno 字段设为主键。

② sname 字段是学生的姓名，因为考虑到少数民族或国外的学生，所以选用字符型 VARCHAR(n)，n 的值为 40，不允许为空，无默认值。

③ sex 字段是学生的性别，选用字符型 CHAR(n)，n 的值为 2，不允许为空，默认值为"男"。

④ birthday 字段是学生的出生日期，选用 DATE 数据类型，不允许为空，无默认值。

⑤ major 字段是学生的专业，选用字符型 VARCHAR(n)，n 的值为 16，允许为空，无默认值。

⑥ award 字段是学生的奖学金，定义为 FLOAT(8,2)，保留 2 位有效数字，允许为空，无默认值。

⑦ address 字段是学生的地址，选用字符型 VARCHAR(n)，n 的值为 255，允许为空，默认值是"地址不详"。

student 表结构见表 3.2。

表 3.2 student 表结构

序号	字段名称	字段说明	数据类型	长度	属性
1	sno	学号	INT	8	非空，主键
2	sname	姓名	VARCHAR	40	非空
3	sex	性别	CHAR	2	非空，默认值"男"
4	birthday	出生日期	DATE	—	—
5	major	专业	VARCHAR	16	
6	award	奖学金	FLOAT	8,2	
7	address	地址	VARCHAR	255	默认值"地址不详"

3.2.2 创建表

1. 创建表语句

创建表使用 CREATE TABLE 语句，语法格式如下。

```
CREATE TABLE [IF NOT EXISTS]表名(
字段1 数据类型 [字段属性|约束] [索引] [注释],
字段2 数据类型 [字段属性|约束] [索引] [注释],
……
字段n 数据类型 [字段属性|约束] [索引] [注释]
)[表类型][表字符集][注释];
```

说明如下。

① 在 MySQL 中，使用的数据库名、表名或字段名等如果与保留字有冲突，需要使用英文输入法状态下的反单引号"`"将数据库名、表名或字段名引起来，在 MySQL 自动生成的创建表的代码中，表名或字段名等全部使用"`"引起来。

② 使用 CREATE TABLE 语句创建表时，多字段之间使用逗号","分隔，最后一个字段后无须加逗号。

2. 字段的属性及约束

表中字段的数据类型就是 MySQL 的数据类型，包括 INT、CHAR、VARCHAR、DATE 等类型。为字段添加属性或约束，目的是保证表的数据完整性，数据完整性是指表中数据的正确性、一致性和有效性。例如，学生的学号必须唯一，性别只能是"男"或"女"，"奖学金"

应介于一定范围等。

数据完整性关系到数据库系统能否真实地反映现实世界，因此，数据库的完整性是非常重要的。MySQL 提供了多种约束机制以保证数据完整性。要想对各字段的数据进行进一步限定，可以设置字段约束。表 3.3 列举了 MySQL 中常用的字段属性约束。

表 3.3 MySQL 中常用的字段属性约束

字段属性约束名	关键字	说明
非空约束	NOT NULL	如果某字段不允许为空，则需要设置非空约束
默认约束	DEFAULT	赋予某字段默认值，如果该字段没有被赋值，则其值为默认值
唯一性约束	UNIQUE KEY(UK)	设置字段的值是唯一的，允许为空，但只能有一个空值
主键约束	PRIMARY KEY(PK)	设置该字段为表的主键，可以作为该表记录的唯一标识
外键约束	FOREIGN KEY(FK)	用于在两表之间建立关系，需要指定引用主表的哪一个字段。在插入或更新表中的数据时，数据库将自动检查更新的字段值是否符合约束的限制，如果不符合约束要求，则更新操作失败
自动增长	AUTO_INCREMENT	设置该列为自增字段，默认每条自增 1，通常可以用于设置主键且为整型，还可以用于设置初始值和步长

在这些常用的字段属性约束中，主键约束是非常重要的约束，当需要使用数据库表中某个字段或某几个字段来唯一标识所有记录时，需要将该字段设置为表的主键。关于数据完整性约束的内容，将在 3.3 节介绍。

3. 注释

注释是在创建表时为表或字段添加的说明性文字，使用 COMMENT 关键字来添加。例如：

```
mysql> CREATE TABLE student(
    -> sno INT(8) PRIMARY KEY COMMENT "学号"
    -> ) COMMENT="学生表";
```

4. 编码格式的设置

在默认情况下，MySQL 中的所有数据库、表、字段等使用默认字符集 UTF-8，也可以通过 my.ini 文件中的 default-character-set 参数来修改默认字符集。

在特定需求下，为满足特殊存储内容的要求，在创建表时可以指定字符集。例如：

```
mysql> CREATE TABLE IF NOT EXISTS student2(
    -> sno INT(8) PRIMARY KEY COMMENT "学号"
    -> ) CHARSET="GB2312";
```

用户可以通过下面的语句查看 MySQL 支持的字符集。

```
SHOW CHARCTER SET;
```

【例 3-5】 在 mydata 数据库中创建 student 表，student 表的数据结构见表 3.2。

```
mysql> CREATE DATABASE IF NOT EXISTS mydata;
mysql> USE mydata;
mysql> CREATE TABLE IF NOT EXISTS student(
    -> sno INT(8) NOT NULL COMMENT "学号" PRIMARY KEY,
```

```
    -> sname VARCHAR(40) NOT NULL COMMENT "姓名",
    -> sex CHAR(2) DEFAULT "男" NOT NULL,
    -> birthday date,
    -> major VARCHAR(16),
    -> award FLOAT(8,2),
    -> address VARCHAR(255) DEFAULT "地址不详"
    -> )COMMENT="student 表";        #注释"student 表"
```

3.2.3 查看表

创建完表结构后，如果需要查看该表是否存在，可以使用查看表的 SQL 语句，语法格式如下。

```
SHOW TABLES;
```

如果需要查看表的定义，可以使用 DESCRIBE 语句来实现，其语法格式如下。

```
DESCRIBE 表名;
```

或

```
DESC 表名;
```

【例 3-6】 查看 mydata 数据库中的所有表，并查看 student 表结构的定义。

```
mysql> USE mydata;
Database changed

mysql> SHOW TABLES;
+------------------+
| Tables_in_mydata |
+------------------+
| student          |
+------------------+
1 row in set (0.01 sec)

mysql> DESC student;
+---------+--------------+------+-----+----------+-------+
| Field   | Type         | Null | Key | Default  | Extra |
+---------+--------------+------+-----+----------+-------+
| sno     | int          | NO   | PRI | NULL     |       |
| sname   | varchar(40)  | NO   |     | NULL     |       |
| sex     | char(2)      | NO   |     | 男       |       |
| birthday| date         | YES  |     | NULL     |       |
| major   | varchar(16)  | YES  |     | NULL     |       |
| award   | float(8,2)   | YES  |     | NULL     |       |
| address | varchar(255) | YES  |     | 地址不详 |       |
+---------+--------------+------+-----+----------+-------+
7 rows in set (0.01 sec)
```

提示：在使用 SQL 语句之前，必须先选择数据库，否则将会出现错误提示 "No database selected"。

3.2.4 删除表

如果要删除某个数据库表,可以使用 DROP TABLE 语句,语法格式如下。

```
DROP TABLE 表名;
```

【例 3-7】 删除已经创建的 student 表。

```
mysql> DROP TABLE student;
Query OK, 0 rows affected (0.01 sec)
```

提示:在使用 DROP TABLE 语句前,要确认表中是否有数据,如果要删除的表是空表,可以直接删除;如果表中有数据,则在应用程序调试、维护期间要特别注意,要对数据进行备份,否则会造成数据丢失,无法挽回。

3.2.5 修改表

在创建数据表之后,用户可以修改表名、表结构(例如添加字段、修改字段、添加约束等)。在 MySQL 中使用 ALTER 关键字来修改表结构。

1. 修改表名

数据库中的表名是唯一的,用户可以修改已经创建的表名,语法格式如下。其中,< > 内的参数表示必选项。

```
ALTER TABLE <原表名> RENAME [TO] <新表名>;
```

说明:TO 是可选参数,该语句只修改表名,表结构不变。

【例 3-8】 创建一个名字为 test 的数据库,在该数据库中创建表 stu01,然后将其改名为 stu02。

```
mysql> CREATE DATABASE test;
Query OK, 1 row affected (0.01 sec)

mysql> USE test;
Database changed

mysql> CREATE TABLE stu01(
    -> no INT(10) NOT NULL AUTO_INCREMENT,
    -> name VARCHAR(30) NOT NULL,
    -> PRIMARY KEY(no)
    -> );
Query OK, 0 rows affected, 1 warning (0.02 sec)

mysql> ALTER TABLE stu01 RENAME stu02;
Query OK, 0 rows affected (0.01 sec)
```

2. 添加字段

随着对数据需求的变化,用户可能需要向已经存在的表中添加新的字段,添加字段的语法格式如下。

ALTER TABLE 表名 ADD 新字段名 数据类型 [属性] [FIRST|AFTER 旧字段名];

说明:"新字段名"是要添加的新字段的名字;"数据类型"是要添加的新字段的数据类型;[属性]是可选项,指明要添加的新字段的约束条件;[FIRST|AFTER 旧字段名]是可选项,指明要添加的新字段的位置,默认情况下在表的最后添加新字段。

【例 3-9】 向 stu02 表中添加 sex 字段。

```
mysql> ALTER TABLE stu02 ADD sex CHAR(2) NOT NULL;
Query OK, 0 rows affected (0.01 sec)
Records: 0  Duplicates: 0  Warnings: 0
```

3. 修改字段

数据库表中的字段包含字段名和数据类型,字段名和数据类型均可以修改,其语法格式如下。

ALTER TABLE 表名 CHANGE 原字段名 新字段名 数据类型 [属性];

说明:"原字段名"是修改前的字段名,"新字段名"指修改后的字段名;"数据类型"指修改后的数据类型,如果不需要修改数据类型,则和原来数据类型保持一致,但"数据类型"不能为空。

【例 3-10】 将 stu02 表中的 name 字段名修改为 stuname,将数据类型修改为 CHAR(10)。

```
mysql> ALTER TABLE stu02 CHANGE NAME stuname CHAR(10) NOT NULL;
Query OK, 0 rows affected (0.02 sec)
Records: 0  Duplicates: 0  Warnings: 0
```

提示:由于不同类型的数据存储方式和长度不同,修改数据类型可能会影响数据表中已有的数据。因此,在数据表已有数据的情况下,不要轻易修改数据类型。

4. 删除字段

删除字段是将数据表中的某个字段从表中移除,语法格式如下。

ALTER TABLE 表名 DROP 字段名;

【例 3-11】 将 stu02 表中的 sex 字段删除。

```
mysql> ALTER TABLE stu02 DROP sex;
Query OK, 0 rows affected (0.01 sec)
Records: 0  Duplicates: 0  Warnings: 0
```

任务 3.3 数据完整性约束

【任务描述】

数据完整性指数据库中数据的正确性、一致性和有效性。MySQL 常见的数据完整性约束包括主键约束、外键约束、唯一性约束、检查约束、非空约束等。

本任务是为 mydata 数据库中的表建立不同类型的数据约束。

3.3.1 数据完整性概述

数据完整性规则通过完整性约束来实现,完整性约束是在表上强制执行的一些数据校验规则，在插入、修改或者删除数据时必须遵守在相关字段上设置的这些规则，否则系统会报告错误。

将 PRIMARY KEY 约束、UNIQUE 约束、FOREIGN KEY 约束、CHECK 约束、NOT NULL 约束，以及它们实现的数据完整性总结如下。

① PRIMARY KEY 约束：主键约束，实现实体完整性。

② UNIQUE 约束：唯一性约束，实现实体完整性。

③ FOREIGN KEY 约束：外键约束，实现参照完整性。

④ CHECK 约束：检查约束，实现用户定义完整性。

⑤ NOT NULL 约束：非空约束，实现用户定义完整性。

数据完整性包括实体完整性、参照完整性、用户定义完整性，通过完整性约束来实现。在 MySQL 中，数据完整性约束是表定义的一部分，可以使用 CREATE TABLE 语句或 ALTER TABLE 语句来实现。

1. 实体完整性

实体完整性是保证表中的记录唯一的特性，即在一个表中不允许有重复的记录。SQL 通过 PRIMARY KEY 约束和 UNIQUE 约束实现实体完整性。

例如，对于数据库 mydata 中的 student 表，sno 字段作为其主键，每个学生的 sno 值能唯一地标识该学生对应的记录信息，即通过在 sno 字段建立的主键约束实现了 student 表的实体完整性。

通过 PRIMARY KEY 约束定义主键，一个表只能有一个 PRIMARY KEY 约束，且 PRIMARY KEY 不能为 NULL。

通过 UNIQUE 约束定义唯一性约束，可以保证表的非主键列不存在重复值。

PRIMARY KEY 约束与 UNIQUE 约束的主要区别如下。

① 一个表只能创建一个 PRIMARY KEY 约束，但可以创建多个 UNIQUE 约束。

② PRIMARY KEY 约束的字段值不允许为 NULL，UNIQUE 约束的字段值可以为 NULL。

③ 创建 PRIMARY KEY 约束时，系统会自动产生 PRIMARY KEY 索引；创建 UNIQUE 约束时，系统会自动产生 UNIQUE 索引。

2. 参照完整性

参照完整性保证关联表的数据一致性，也被称为引用完整性。参照完整性由定义主键（primary key）与外键（foreign key）之间的引用关系实现。

主键是表中一个字段或多个字段的组合，能唯一标识每条记录；外键是表中一个字段或多个字段的组合，不要求记录的唯一性，但外键是关联表的主键。

例如，对于关联的 student 表和 score 表，student 表作为主表，表中的 sno 字段作为主键，score 表作为从表，表中的 sno 字段作为外键，从而建立主表与从表之间的联系以实现参照完整性。两张表之间的参照完整性满足以下规则。

① 从表不能引用不存在的键值。

② 如果主表的键值被更改，对从表中该键值的所有引用要进行一致的更改。

③ 如果要删除主表中的某一条记录，应先删除从表中与该记录关联的记录。

3. 用户定义完整性

用户定义完整性是根据应用系统的实际需要，对某一具体应用所涉及的数据提出的约束性条件。数据类型定义属于用户定义完整性的范畴。可以使用 CHECK 约束、NOT NULL 约束实现用户定义完整性。

CHECK 约束通过显式控制输入字段的值来实现用户定义完整性。例如：student 表中 sex 字段的取值只能是"男"或"女"，奖学金字段不可以是负数，可以用 CHECK 约束实现。

3.3.2 主键约束

PRIMARY KEY 约束即主键约束，用于实现实体完整性。主键是表中的一个字段或多个字段的组合，由多个字段的组合构成的主键又称为复合主键。主键的值必须是唯一的，且不允许为 NULL。

MySQL 的每个表只能定义一个主键，并且表中的两条记录在主键上不能具有相同的值，即遵守唯一性规则。主键约束可以使用 CREATE TABLE 语句或 ALTER TABLE 语句实现。

1. 创建主键约束

在创建表时创建约束使用 CREATE TABLE 语句，可以在表中所定义的字段名后面添加约束关键字，也可以在表中所有字段定义的后面添加约束。

【例 3-12】 在数据库 test 中创建 stua 表，包括学号（sid）、姓名（sname）、性别（sex）字段，将 sid 字段设置为主键约束。SQL 代码如下。

```
mysql> CREATE TABLE IF NOT EXISTS stua(
    -> sid INT PRIMARY KEY,
    -> sname CHAR(10),
    -> sex CHAR(2));
Query OK, 0 rows affected (0.22 sec)
```

在 sid 字段定义的后面加上关键字 PRIMARY KEY，即定义了主键完整性约束。因为未指定约束名，所以 MySQL 会自动创建约束名。

设置约束的另一种方法是在表中所有字段定义的后面添加完整性约束，代码如下。

```
mysql> CREATE TABLE IF NOT EXISTS stua(
    -> sid INT,
    -> sname CHAR(10),
    -> sex CHAR(2),
    -> PRIMARY KEY (sid));
```

在表中所有字段定义的后面加上一条 PRIMARY KEY(sid)子句，即添加了完整性约束。因为未指定约束名，所以 MySQL 会自动创建约束名字。

需要说明的是，如果约束由表中的一个字段构成，则约束可以采用上面的任意一种形式；如果主键由表中多个字段组成，则约束必须采用第 2 种约束形式。

在第 2 种定义完整性约束的方法中，可以使用 CONSTRAINT 关键字来指定约束名，代码如下。

```
mysql> CREATE TABLE IF NOT EXISTS stua(
    -> sid INT,
    -> sname CHAR(10),
    -> sex CHAR(2),
```

```
        -> CONSTRAINT rulea PRIMARY KEY (sid));
Query OK, 0 rows affected (0.15 sec)
```

以上代码定义了主键约束,指定约束名为 rulea。指定约束名后,对约束进行修改、删除、引用更为方便。

2. 删除主键约束

删除主键约束可以使用 ALTER TABLE 语句中的 DROP 子句,语法格式如下。

```
ALTER TABLE 表名 DROP PRIMARY KEY;
```

【例 3-13】 删除【例 3-12】中创建的 stua 表中的主键约束。

```
mysql> ALTER TABLE stua DROP PRIMARY KEY;
Query OK, 0 rows affected (0.22 sec)
Records: 0  Duplicates: 0  Warnings: 0
```

3. 在修改表时创建主键约束

在修改表时,创建主键约束可以使用 ALTER TABLE 语句中的 ADD 子句,语法格式如下。

```
ALTER TABLE <表名> ADD CONSTRAINT <约束名> PRIMARY KEY(字段名)
```

【例 3-14】 使用 ALTER TABLE 语句在 stua 表中定义 sid 字段的主键约束。

```
mysql> ALTER TABLE stua ADD PRIMARY KEY(sid);
Query OK, 0 rows affected (0.34 sec)
Records: 0  Duplicates: 0  Warnings: 0
```

如果添加约束名,则代码如下。

```
mysql> ALTER TABLE stua ADD CONSTRAINT rulea PRIMARY KEY(sid);
```

3.3.3 唯一性约束

UNIQUE 约束即唯一性约束,用于实现实体完整性。唯一性约束通过表中的一个字段或多个字段的组合实现,约束的字段值必须是唯一的,不允许重复定义唯一性约束。一个表可以创建多个 UNIQUE 约束。

创建唯一性约束的过程和创建主键约束的过程类似。

1. 创建唯一性约束

使用 CREATE TABLE 语句可以在创建表时定义唯一性约束。

【例 3-15】 在数据库 test 中创建 stub 表,包括学号(sid)、姓名(sname)、性别(sex)、身份证号(idnumber)字段,设置 sname 和 idnumber 字段的唯一性约束。

```
mysql> CREATE TABLE stub(
    -> sid INT PRIMARY KEY,
    -> sname CHAR(10) UNIQUE,
    -> sex CHAR(2),
    -> idnumber INT UNIQUE);
Query OK, 0 rows affected (0.62 sec)
```

在 sname 和 idnumber 字段的后面加上关键字 UNIQUE,定义两个唯一性约束。若未指定约束名,则 MySQL 将自动创建约束名。

上面的代码也可以写成下面的形式。

```
mysql> CREATE TABLE IF NOT EXISTS stub(
    -> sid INT PRIMARY KEY,
    -> sname CHAR(10) ,
    -> sex CHAR(2),
    -> idnumber INT,
    -> UNIQUE (sname),
    -> CONSTRAINT ruleb UNIQUE(idnumber)
    -> );
```

在表中所有字段定义的后面加上 CONSTRAINT 子句,可以定义唯一性约束,并指定约束名。

2. 删除唯一性约束

删除唯一性约束可以使用 ALTER TABLE 语句中的 DROP 子句。语法格式如下。

ALTER TABLE 表名 DROP INDEX 约束名；

【例 3-16】 删除【例 3-15】中创建的 stub 表中的唯一性约束。

```
mysql> ALTER TABLE stub DROP INDEX sname;
mysql> ALTER TABLE stub DROP INDEX ruleb;
Query OK, 0 rows affected (0.05 sec)
Records: 0  Duplicates: 0  Warnings: 0
```

3. 在修改表时创建唯一性约束

在修改表时,添加唯一性约束可以使用 ALTER TABLE 语句中的 ADD 子句,语法格式如下。

ALTER TABLE 表名 ADD CONSTRAINT <约束名> UNIQUE(字段名);

【例 3-17】 使用 ALTER TABLE 语句在 stub 表中定义 sname 字段的唯一性约束,约束名为 rulec。

```
mysql> ALTER TABLE stub ADD CONSTRAINT rulec UNIQUE(sname);
Query OK, 0 rows affected (0.25 sec)
Records: 0  Duplicates: 0  Warnings: 0
```

3.3.4 外键约束

FOREIGN KEY 约束即外键约束,用于实现参照完整性。外键用于在两个表之间建立关联,一个表可以有一个或者多个外键。

定义外键约束时,需要确定主表与从表。对于两个存在关联关系的表而言,主表是关联字段中主键所在的表;从表是关联字段中外键所在的表。外键约束主要用于保证外键字段值与主表中主键字段值的一致性,外键字段值或者是 NULL,或者是主表中主键的字段值。

可以在创建表或修改表时添加外键约束。

1. 在创建表时添加外键约束

定义外键的语法格式如下。

CONSTRAINT <外键名> FOREIGN KEY (从表的外键) REFERENCES 主表名(主表的主键)

其中,"外键名"是指从表创建的外键约束名。

【例 3-18】 在数据库 test 中,创建 stuc 表(包括学号(sid)、姓名(sname)、性别(sex)等字段)和 scorec 表(包括学号(sid)、课程号(cno)、成绩(result)等字段)的外键约束。

(1) 创建 stuc 表
```
mysql> CREATE TABLE IF NOT EXISTS stuc(
    -> sid INT PRIMARY KEY,
    -> sname CHAR(10) ,
    -> sex CHAR(2)
    -> );
Query OK, 0 rows affected (0.19 sec)
```

(2) 创建 scorec 表并添加外键约束
```
mysql> CREATE TABLE  IF NOT EXISTS scorec(
    -> sno INT REFERENCES stuc(sid),
    -> cno VARCHAR(4) NOT NULL ,
    -> result FLOAT(5,1)
    -> );
Query OK, 0 rows affected, 1 warning (0.20 sec)
```

由于已经在 stuc 表的 sid 字段定义了主键，因此可以在 scorec 表中的 sno 字段定义外键，其值关联主表 stuc 的 sid 字段。在这个例子中，主键的字段名是 sid，外键的字段名是 sno，主键和外键不要求字段名一致，但数据类型要匹配。

定义外键约束时，如果未指定约束名，则 MySQL 将自动创建约束名。

设置约束的另一种方法是在表中所有字段定义的后面添加完整性约束，代码如下。
```
mysql> CREATE TABLE  IF NOT EXISTS scorec(
    -> sno INT ,
    -> cno VARCHAR(4) NOT NULL ,
    -> result FLOAT(5,1) ,
    -> CONSTRAINT fk1 FOREIGN KEY(sno)  REFERENCES stuc(sid)
    -> );
Query OK, 0 rows affected, 1 warning (0.14 sec)
```

这里，定义了外键约束，约束名为 fk1。

2. 删除外键约束

删除外键约束可以使用 ALTER TABLE 语句中的 DROP 子句，语法格式如下。

ALTER TABLE <表名> DROP FOREIGN KEY <约束名>;

【例 3-19】 删除【例 3-18】中创建的 scorec 表中的外键约束。
```
mysql> ALTER TABLE scorec DROP FOREIGN KEY fk1;
Query OK, 0 rows affected (0.06 sec)
Records: 0  Duplicates: 0  Warnings: 0
```

3. 在修改表时创建外键约束

在修改表时，创建外键约束可以使用 ALTER TABLE 语句中的 ADD 子句，语法格式如下。

ALTER TABLE <表名> ADD CONSTRAINT <外键名> FOREIGN KEY (外键字段)
REFERENCES 主表名(关联字段);

【例 3-20】 使用 ALTER TABLE 语句在 scorec 表中定义外键约束。
```
mysql> ALTER TABLE scorec
    -> ADD CONSTRAINT fk2 FOREIGN KEY (sno) REFERENCES stuc(sid);
Query OK, 0 rows affected (0.20 sec)
Records: 0  Duplicates: 0  Warnings: 0
```

3.3.5 检查约束

CHECK 约束即检查约束，用于实现用户定义完整性。检查约束对一个字段值或整个表中的字段值设置检查条件，通过限制输入值保证数据库的数据完整性。

可以使用 CREATE TABLE 语句或 ALTER TABLE 语句创建检查约束，也可以给检查约束命名。

1. 在创建表时添加检查约束

在创建表时创建检查约束使用 CREATE TABLE 语句的 CHECK 子句实现。

【例 3-21】 在数据库 test 中，创建 scored 表，包括学号（sid）、课程号（cno）、成绩（result）等字段，定义成绩字段值为 0～100 的检查约束。

```
mysql> CREATE TABLE  IF NOT EXISTS scored(
    -> sid INT(8),
    -> cno VARCHAR(4) NOT NULL ,
    -> result FLOAT(5,1) CHECK (result>=0 AND result<=100)
    -> );
Query OK, 0 rows affected, 2 warnings (0.21 sec)
```

上面的代码在 result 字段的后面加上了关键字 CHECK，约束表达式为 result>=0 AND result<=100，定义了检查约束。未指定约束名字时，MySQL 会自动创建约束名。

上面的约束也可以写成下面的形式。

```
mysql> CREATE TABLE  IF NOT EXISTS scored(
    -> sid INT(8),
    -> cno VARCHAR(4) NOT NULL ,
    -> result FLOAT(5,1) ,
    -> CONSTRAINT check1 CHECK (result>=0 AND result<=100)
    --> );
```

上面的代码在表中所有字段定义的后面加上一条 CONSTRAINT 子句，即定义检查约束，指定约束名为 check1。

2. 删除检查约束

删除检查约束可以使用 ALTER TABLE 语句中的 DROP 子句，语法格式如下。

```
ALTER TABLE 表名 DROP CHECK <约束名>;
```

【例 3-22】 删除【例 3-21】中创建的 scored 表中的检查约束。

```
mysql> ALTER TABLE scored DROP CHECK check1;
Query OK, 0 rows affected (0.09 sec)
Records: 0  Duplicates: 0  Warnings: 0
```

3. 在修改表时创建检查约束

在修改表时，创建检查约束可以使用 ALTER TABLE 语句中的 ADD 子句，语法格式如下。

```
ALTER TABLE <表名> ADD CONSTRAINT <约束名> CHECK(约束条件表达式)
```

【例 3-23】 使用 ALTER TABLE 语句在 scored 表中定义 result 字段值为 0～100 的检查约束。

```
mysql> ALTER TABLE scored ADD CONSTRAINT check2 CHECK (result>=0 AND result<=100);
Query OK, 0 rows affected (0.72 sec)
Records: 0  Duplicates: 0  Warnings: 0
```

3.3.6 非空约束

NOT NULL 约束即非空约束，用于实现用户定义完整性。非空约束指字段值不能为 NULL，NULL 值指 "不确定" 或 "无意义" 的值。

在 MySQL 中，可以使用 CREATE TABLE 语句或 ALTER TABLE 语句来定义非空约束。在字段定义后面，加上关键字 NOT NULL 作为限定词，表示该字段的取值不能为空。

【例 3-23】 在数据库 test 中创建 stud 表，包括学号（sid）、姓名（sname）、性别（sex）字段，设置学号字段的唯一性约束，并设置所有字段非空。

```
mysql> CREATE TABLE IF NOT EXISTS stud(
    -> sid INT UNIQUE NOT NULL,
    -> sname CHAR(10) NOT NULL,
    -> sex CHAR (2) NOT NULL);
Query OK, 0 rows affected (0.14 sec)
```

使用 ALTER TABLE 语句设置非空约束的代码如下。

```
mysql> ALTER TABLE scored MODIFY cno VARCHAR(4) NOT NULL;
```

任务 3.4　学习使用 HELP 语句

【任务描述】

在学习和使用 MySQL 数据库的过程中，我们会经常遇到各种各样的问题，可以通过 MySQL 的系统帮助来解决。

本任务是让读者学习使用 HELP 语句获得 MySQL 的帮助信息。

1. 查看帮助文档目录列表

在 MySQL 中查看帮助的语句是 HELP，语法格式如下。

```
HELP 查询内容;
```

其中，"查询内容" 为要查询的关键字，例如，可以通过 HELP contents 语句查看帮助文档的目录列表，运行结果如图 3-1 所示。

2. 查看具体内容

根据图 3-1 列出的目录，可以选择某一项进行查询，例如，查看所支持的数据类型，代码如下。

```
mysql> HELP Data Types;
```

如果要进一步查看某一种具体的数据类型，如 INT 类型，代码如下。

```
mysql> HELP INT;
```

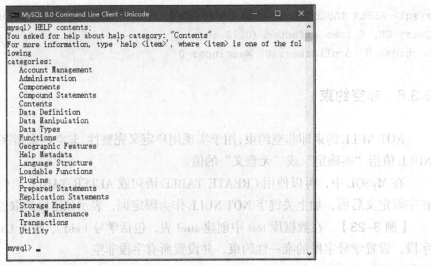

图 3-1 系统帮助文档的目录列表

任务 3.5 使用 Navicat Premium 管理数据库

【任务描述】

除了可以在命令行客户端操作 MySQL 数据库，还可以使用图形化工具来管理数据库。Navicat Premium 是支持多连接的图形化的数据库管理工具，它允许用户在单一程序中同时连接多达 7 类数据库，包括 MySQL、MariaDB、SQLServer、SQLite、Oracle 等数据库。

本任务是使读者学习使用 Navicat Premium 来创建和管理 mydata 数据库。

3.5.1 使用 Navicat Premium 连接 MySQL 数据库

Navicat Premium 可以快速、直观地完成对数据库的操作。可以从 Navicat Premium 官网下载该工具，官网有多个版本可供选择，本书使用 Navicat Premium 12 版本。

启动 MySQL 服务器后，通过 Navicat Premium 可以实现对 MySQL 数据库的连接。下面介绍在 Navicat Premium 中登录和连接 MySQL 数据库的过程。

1. 登录 MySQL

启动 Navicat Premium 后，在主界面执行"文件/新建连接/MySQL"命令，打开"新建连接"窗口，正确输入数据库连接名、主机、端口、用户名、密码，如图 3-2 所示。配置完毕，可以单击"连接测试"按钮，查看连接是否成功。如果提示"连接成功"，则单击"确定"按钮保存该连接。

2. 连接 MySQL

配置成功后，在 Navicat Premium 窗口的左侧区域显示用户定义的数据库连接名"mylink"，在连接名上单击鼠标右键，在弹出的快捷菜单中选择"打开连接"选项，则在左侧的对象资源管理器中会显示 MySQL 数据库管理系统中的所有数据库，如图 3-3 所示。

图 3-2　使用 Navicat Premium 登录 MySQL

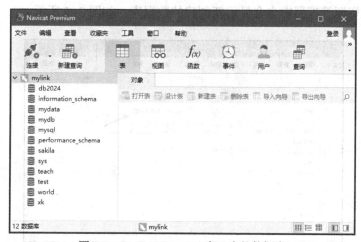

图 3-3　Navicat Premium 窗口中的数据库

3.5.2　在 Navicat Premium 窗口中创建数据库

在 Navicat Premium 窗口中可以通过以下 2 种方法创建数据库。

1. 通过工具向导创建数据库

在连接名"mylink"上单击鼠标右键,在弹出的快捷菜单中选择"新建数据库"选项,弹出"新建数据库"对话框,在其中填写数据库名,并选择字符集与排序规则,如图 3-4 所示。配置完成后单击"确定"按钮即可。

2. 通过 SQL 语句创建数据库

在连接名"mylink"上单击鼠标右键,在弹出的快捷菜单中选择"命令列界面"选项,在右侧区域的"mylink-命令列界面"中输入创建数据库的语句,按"Enter"键,创建数据库。

图 3-4 通过工具向导创建数据库

创建成功后，在连接名"mylink"上单击鼠标右键，在弹出的快捷菜单中选择"刷新"选项，则在对象资源管理器中也会显示新创建的数据库，如图 3-5 所示。

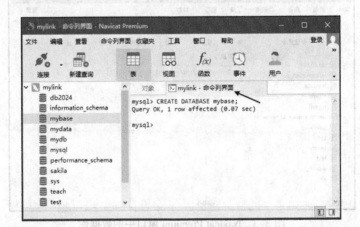

图 3-5 通过 SQL 语句创建数据库

提示：通过 Navicat Premium 操作数据库虽然方便直观，但不利于对数据库进行批量操作。熟练编写 SQL 语句是数据库管理员的必备技能，本书后续内容主要介绍使用 SQL 语句操作数据库。

上机实践

1. 创建数据库

在 MySQL 命令行客户端或使用 Navicat Premium，创建数据库 mydata。

2. 创建表

在数据库 mydata 中分别创建 student（学生信息）表、course（课程信息）表、score（成绩信息）表，表结构请参考附录。

3. 建立外键约束

建立 score 表与 student 表的外键约束（用 sno 字段）；建立 score 表与 course 的外键约束（用 cno 字段）。

习　题

1. 选择题

（1）关于 MySQL 数据库的选项中，描述正确的是哪一项？（　　）
A．一个数据库只能包含一个数据表　　B．一个数据库可以包含多个数据表
C．MySQL 数据库是表的集合　　　　　D．MySQL 数据库保存了大量数据

（2）在 MySQL 中，用于指定一个已有数据库作为当前工作数据库的命令是哪一项？（　　）
A．USING　　　　　B．USED　　　　　C．USES　　　　　D．USE

（3）删除字段的 SQL 语句是哪一项？（　　）
A．ALTER TABLE 表名 DELETE 字段名
B．ALTER TABLE 表名 DELETE COLUMN 字段名
C．ALTER TABLE 表名 DROP 字段名
D．ALTER TABLE 表名 DROP COLUMN 字段名

（4）在 SQL 语句中用于修改表结构的语句是哪一项？（　　）
A．MODIFY TABLE　　　　　　　B．MODIFY STRUCTURE
C．ALTER TABLE　　　　　　　　D．ALTER STRUCTURE

（5）只修改字段的数据类型的 SQL 语句是哪一项？（　　）
A．ALTER TABLE 表名 ALTER COLUMN
B．ALTER TABLE 表名 MODIFY COLUMN
C．ALTER TABLE 表名 UPDATE
D．ALTER TABLE 表名 UPDATE

（6）创建表时，**不允许**某字段为空的命令是哪一项？（　　）
A．NOT NULL　　　B．NO NULL　　　C．NOT BLANK　　　D．NO BLANK

（7）在关系数据库中，能够唯一地标识一条记录的属性或属性的组合是哪一项？（　　）
A．主键　　　　　B．属性　　　　　C．关系　　　　　D．域

（8）根据数据完整性约束规则，一个表中的主键应符合哪一项？（　　）
A．不能由两列组成　　　　　　B．不能成为另一个关系的外部键
C．不允许空值　　　　　　　　D．可以取空值

2. 简答题

（1）MySQL 数据库分为哪几种类型？举例说明。
（2）创建数据库和查看数据库的 SQL 语句是什么？
（3）修改表名、删除字段、修改字段的 SQL 语句是什么？举例说明。
（4）什么是数据完整性？MySQL 中常用的字段属性约束有哪些？

第 4 章 管理表中的数据

创建数据库和表以后,需要向表中插入、修改或删除表中的数据。数据操纵语言用于操纵数据库中的表和视图,完成数据的插入、修改、删除等操作。MySQL 的数据操纵由 INSERT、UPDATE 和 DELETE 语句实现。

本章介绍向表中插入数据、修改数据、删除数据等操作方法。

❖ 学习目标

（1）掌握 SQL 的数据操纵语言。
（2）熟练使用 INSERT 语句向表中插入记录。
（3）掌握使用 UPDATE 语句更新表中的记录。
（4）学会使用 DELETE 语句和 TRUNCATE 语句删除表中的记录。

❖ 知识结构

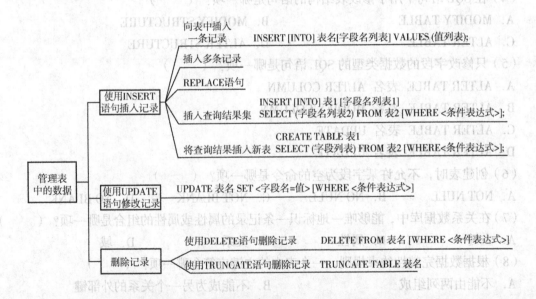

任务 4.1 使用 INSERT 语句插入记录

【任务描述】

使用 INSERT 语句向表中插入记录,可以向表中一次插入一条记录,也可以一次插入多条记录,还可以将现有表中的记录添加到新创建的表中。

本任务是让读者学习向 student 表中插入记录的方法。

4.1.1 向表中插入一条记录

向数据库的表中一次插入一条记录的语法格式如下。

```
INSERT [INTO] 表名[字段名列表] VALUES (值列表);
```

说明如下。

① [字段名列表]是可选的，如果省略，则依次插入所有字段。
② 字段名列表和值列表的多个列表项之间使用逗号分隔。
③ 字段名列表和值列表的个数必须相同，且数据类型相同。
④ 如果插入的是表中部分列的数据，[字段名列表]不能省略。

1. 插入记录的全部字段

【例4-1】 向 student 表插入记录：156004,'丁美华','女','2005-03-17','计算机',3200,'北京市朝阳区'。

```
mysql> INSERT INTO student
    -> VALUES(156004,'丁美华','女','2005-03-17','计算机',3200,'北京市朝阳区');
Query OK, 1 row affected (0.07 sec)
```

执行结果表明 SQL 语句执行成功。

说明如下。

① 因为是向 student 表中的所有字段插入数据，可以省略[字段名列表]选项。
② 插入记录的全部字段，如果省略[字段名列表]选项，插入值的顺序和表定义的字段的顺序应当相同。
③ 插入记录还要注意当前表是否与其他表存在外键关系，如果该表存在外键，但是关联的表中数据缺失，则插入数据就会失败。
④ 向 CHAR、VARCHAR、DATE 等类型的字段插入数据时，数据值要使用英文的单引号或双引号引起来。

2. 插入记录的部分字段

【例4-2】 向 student 表中插入记录：151001,'耿子强', ,'2004-02-08','计算机'。

```
mysql> INSERT INTO student(sno,sname,birthday,major)
    -> VALUES(151001,'耿子强','2004-02-08','计算机');
Query OK, 1 row affected (0.06 sec)
```

执行结果表明插入记录成功。

向 student 表中的部分字段插入数据时，不能省略[字段名列表]选项，并且注意[字段名列表]与(值列表)的数据类型对应。

4.1.2 插入多条记录

MySQL 中的 INSERT 语句支持一次性插入多条记录。插入记录时，多个值列表之间用逗号分隔。语法格式如下。

```
INSERT [INTO] 表名[字段名列表] VALUES (值列表1),(值列表2),…,(值列表n);
```

【例4-3】 一次性向 student 表中插入 3 条记录,数据如下。

① 226005,'吴小迪','女','2005-12-14','数学',2980.5,'沈阳市和平区')。
② 156006,'陈娜','女','2005-07-28','计算机',3000.5,'天津市滨海新区')。
③ 221002,'李思璇','女','2004-01-30','数学',4530.0,'大连市西岗区')。

```
mysql> INSERT student VALUES
    -> (226005,'吴小迪','女','2005-12-14','数学',2980.5,'沈阳市和平区'),
    -> (156006,'陈娜','女','2005-07-28','计算机',3000.5,'天津市滨海新区'),
    -> (221002,'李思璇','女','2004-01-30','数学',4530.0,'大连市西岗区');
Query OK, 3 rows affected (0.06 sec)
Records: 3  Duplicates: 0  Warnings: 0
```

执行结果表明 3 条记录插入成功。可以看出,INSERT 后面的 INTO 可以省略。

【例4-4】 查询 student 表的所有记录(注:系统自动会在 award 列保留小数点后两位)。

```
mysql>SELECT * FROM student;
+--------+--------+-----+------------+--------+---------+-----------------+
| sno    | sname  | sex | birthday   | major  | award   | address         |
+--------+--------+-----+------------+--------+---------+-----------------+
| 151001 | 耿子强 | 男  | 2004-02-08 | 计算机 |    NULL | 地址不详        |
| 156004 | 丁美华 | 女  | 2005-03-17 | 计算机 | 3200.00 | 北京市朝阳区    |
| 156006 | 陈娜   | 女  | 2005-07-28 | 计算机 | 3000.50 | 天津市滨海新区  |
| 221002 | 李思璇 | 女  | 2004-01-30 | 数学   | 4530.00 | 大连市西岗区    |
| 226005 | 吴小迪 | 女  | 2005-12-14 | 数学   | 2980.50 | 沈阳市和平区    |
+--------+--------+-----+------------+--------+---------+-----------------+
5 rows in set (0.00 sec)
```

再次强调,在使用 INSERT 语句插入记录时,如果不包含[字段名列表],VALUES 关键字后面的[值列表]中各字段的顺序必须和表定义中各字段的顺序相同,如果表结构发生改变(如执行了添加或删除字段操作),则值列表也要改变,否则会出现错误。如果指定了插入的字段名,就会避免这个问题,因此,建议在插入记录时指定具体的字段名。

4.1.3 REPLACE 语句

REPLACE 语句的语法格式与 INSERT 语句基本相同,但该语句会在插入记录之前将与新记录冲突的原有记录删除,从而保证新记录的正常插入。即使记录主键重复,也能保证顺利插入新记录。

【例4-5】 向 student 表中插入重复记录:151001,'耿子强','男','2004-02-08','计算机',2820,'上海市黄浦区'。

```
mysql> REPLACE student(sno,sname,sex,birthday,major,award,address)
    -> VALUES(151001,'耿子强','男','2004-02-08','计算机',2820,'上海市黄浦区');
Query OK, 2 rows affected (0.06 sec)
```

4.1.4 插入查询结果集

使用 INSERT INTO…SELECT…FROM 语句可以将已有表的记录快速插入指定的表。其中，SELECT 语句会返回一个查询结果集，INSERT 语句会将这个结果集插入指定表。

使用 INSERT INTO…SELECT…FROM 语句插入查询结果集的语法格式如下。

```
INSERT [INTO] 表1[字段名列表1]
SELECT [字段名列表2] FROM 表2 [WHERE <条件表达式>];
```

其中，表 1 是待插入记录的表名，[字段名列表 1]是待插入数据的字段名；表 2 是数据来源表名，[字段名列表 2]是数据来源表的字段名；[字段名列表 1]的列数必须和[字段名列表 2]的列数相同，并且数据类型相匹配；条件表达式用于指定查询语句的查询条件。

【例 4-6】 向 student2 表中插入 student 表中 sex 为"女"的记录。

（1）创建 student2 表

```
mysql> CREATE TABLE IF NOT EXISTS student2(
    -> sno INT(8) NOT NULL PRIMARY KEY,
    -> sname VARCHAR(40) NOT NULL,
    -> sex CHAR(2) DEFAULT "男" NOT NULL,
    -> birthday date,
    -> major VARCHAR(16),
    -> award FLOAT(8,2) ,
    -> address VARCHAR(255)
    -> );
Query OK, 0 rows affected, 3 warnings (0.00 sec)
```

（2）向 student2 表中插入记录

```
mysql> INSERT INTO student2(sno,sname,sex,birthday)
    -> SELECT sno,sname,sex,birthday FROM student WHERE sex='女'
Query OK, 4 rows affected (0.07 sec)
Records: 4  Duplicates: 0  Warnings: 0
```

（3）查询结果

```
mysql> SELECT * FROM student2;
+--------+----------+-----+------------+-------+-------+-----------+
| sno    | sname    | sex | birthday   | major | award | address   |
+--------+----------+-----+------------+-------+-------+-----------+
| 156004 | 丁美华   | 女  | 2005-03-17 | NULL  | NULL  | 地址不详  |
| 156006 | 陈娜     | 女  | 2005-07-28 | NULL  | NULL  | 地址不详  |
| 221002 | 李思璇   | 女  | 2004-01-30 | NULL  | NULL  | 地址不详  |
| 226005 | 吴小迪   | 女  | 2005-12-14 | NULL  | NULL  | 地址不详  |
+--------+----------+-----+------------+-------+-------+-----------+
4 rows in set (0.00 sec)
```

说明：将已有表的记录插入指定的 student2 表时，student2 应是已经存在的表，并且与 student 表结构相同。

4.1.5 将查询结果插入新表

插入查询结果集的 INSERT INTO…SELECT…FROM 语句用于向已经存在的表中插入记录，使用 CREATE TABLE…SELECT 语句可以将查询结果集插入新表。语法格式如下。

```
CREATE TABLE 表1
```

```
SELECT (字段列表) FROM 表2 [WHERE <条件表达式>];
```

【例4-7】 将student表中的sno、sname、sex、birthday字段保存到新表stu_new中。

```
mysql> CREATE TABLE stu_new (SELECT sno,sname,sex,birthday FROM student);
Query OK, 5 rows affected (0.10 sec)
Records: 5  Duplicates: 0  Warnings: 0
```

以上SQL语句在执行查询操作的同时创建新表stu_new。如果stu_new表已经存在，则执行该语句会报告错误。

任务4.2 使用UPDATE语句修改记录

【任务描述】

SQL的UPDATE语句用于更新表中的数据，本任务是参考附录，更新student表中的数据。

UPDATE语句的语法格式如下。

```
UPDATE 表名 SET <字段名=值> [WHERE <条件表达式>]
```

说明如下。

① SET关键字后面可以有多个<字段名=值>来修改多个字段的值，不限于一个，不同字段名之间使用逗号分隔。

② WHERE子句是可选的，用于限制更新数据的条件。如果不限制，则表的所有数据行都将被更新。

③ 使用UPDATE语句可能更新一行数据，也可能更新多行数据，也可能不更新任何数据。

【例4-8】 将student表中的全部记录插入新表stud2；在stud2表中，将学号为"221002"的记录的出生日期修改为"2005-11-11"。

（1）创建stud2表

```
mysql> CREATE TABLE IF NOT EXISTS stud2 (SELECT * FROM student);
Query OK, 0 rows affected, 3 warnings (0.00 sec)
```

（2）更新表中的数据

```
mysql> UPDATE stud2 SET birthday='2005-11-11' WHERE sno=221002;
Query OK, 1 row affected (0.05 sec)
Rows matched: 1  Changed: 1  Warnings: 0
```

执行结果表明成功更新1条记录。

【例4-9】 将stud2表中全部记录的专业设为空字符串。

```
mysql> UPDATE stud2 SET major='';
Query OK, 5 rows affected (0.04 sec)
Rows matched: 5  Changed: 5  Warnings: 0
```

执行结果表明更新了stud2表中的5条记录。

提示：更新数据时通常有条件限制，即需要使用WHERE条件子句，否则将更新表中所有行的数据，这可能导致有效数据的丢失。

任务 4.3 删除记录

【任务描述】

SQL 的 DELETE 语句用于删除表中的记录。本任务是删除 student 表中的无关数据。

4.3.1 使用 DELETE 语句删除记录

使用 DELETE 语句删除表中记录的语法格式如下。

```
DELETE FROM 表名 [WHERE <条件表达式>]
```

说明如下。

① WHERE 子句是可选项，用于筛选表中要删除的行，如果省略 WHERE 子句，将删除所有记录。

② DELETE 语句删除的是整条记录，不可以只删除单列，所以在 DELETE 后面不能出现字段名。

【例 4-10】 删除 stud2 表；将 student 表中的全部记录插入新表 stud2；删除 stud2 表中性别为"男"的记录。

（1）删除 stud2 表

```
mysql> DROP TABLE IF EXISTS stud2;
Query OK, 0 rows affected, 1 warning (0.08 sec)
```

（2）将 student 表中的全部记录插入新表 stud2

```
mysql> CREATE TABLE IF NOT EXISTS stud2 (SELECT * FROM student);
Query OK, 5 rows affected, 1 warning (0.81 sec)
Records: 5  Duplicates: 0  Warnings: 1
```

（3）删除 stud2 表中性别为"男"的记录

```
mysql> DELETE FROM stud2 WHERE sex='男';
Query OK, 1 row affected (0.05 sec)
```

执行结果表明成功删除 1 条记录。

【例 4-11】 删除 stud2 表中的全部记录。

```
mysql> DELETE FROM stud2;
Query OK, 1 row affected (0.05 sec)
```

4.3.2 使用 TRUNCATE 语句删除记录

TRUNCATE 语句或 TRUNCATE TABLE 语句用于删除表中的所有行，功能上类似于没有 WHERE 子句的 DELETE 语句。其语法格式如下。

```
TRUNCATE TABLE 表名
```

【例 4-12】 使用 TRUNCATE TABLE 语句删除 student 表中的全部记录。

```
mysql> TRUNCATE TABLE student;
```

或

```
mysql> TRUNCATE student;
```

说明：TRUNCATE TABLE 语句比 DELETE 语句执行速度快，使用的系统资源和日志资源更少，并且删除数据后表的标识列会重新开始编号。

上机实践

1. 向表中插入数据

向 mydata 数据库中的 student（学生信息）表、course（课程信息）表、score（成绩信息）表，插入（或完善）附录中的记录。

2. 更新表中数据

将 student 表中的数据插入新表 stu_bak，使用 stu_bak 表完成下面的更新操作。

① 所有学生的奖学金增加 180 元。

② 将性别为"女"的学生的出生日期设置为 NULL。

3. 删除表中数据

从 stu_bak 表中删除专业为"会计"并且出生日期小于"2005-1-1"的同学。

习　题

1. 选择题

（1）关于 SQL 的语句或短语书写要求中，哪一项是正确的？（　　）

　A．必须是大写字母　　　　　　　　B．必须是小写字母

　C．大小写字母均可　　　　　　　　D．大小写字母不能混合使用

（2）用于更新表中数据的 SQL 语句是哪一项？（　　）

　A．UPDATE　　　B．REPLACE　　　C．DROP　　　D．ALTER

（3）SQL 的数据操纵语言**不包括**哪一项？（　　）

　A．INSERT　　　B．DELETE　　　C．UPDATE　　　D．CHANGE

（4）**不能**向表中插入记录的语句是哪一项？（　　）

　A．INSERT INTO 表名 UPDATE…　　　B．INSERT INTO 表名 SELECT…

　C．INSERT INTO 表名 SET…　　　　　D．INSERT INTO 表名 VALUES…

（5）可以快速清空表中记录的语句是哪一项？（　　）

　A．DELETE FROM 表名　　　　　　B．TRUNCATE 表名

　C．CLEAR TABLE 表名　　　　　　D．DROP TABLE 表名

（6）s 表中有 INT 类型字段 age，SQL 语句 UPDATE s SET age=age+1 的功能是哪一项？（　　）

　A．将 s 表中所有记录的 age 修改为 1

　B．给 s 表中所有记录的 age 加 1

　C．给 s 表中一条记录的 age 加 1

　D．将 s 表中一条记录的 age 修改为 1

（7）s 表中有 INT 类型字段 age，SQL 语句 DELETE FROM s WHERE age>60 的功能是哪一项？（　　）

　A．从 s 表中彻底删除 age 大于 60 的一条记录

　B．从 s 表中彻底删除 age 大于 60 的所有记录

　C．删除 s 表

　D．删除 s 表的 age 列

（8）以下 SQL 语句中，插入记录正确的是哪一项？（　　）

　A．INSERT INTO emp(ename,hiredate,sal) VALUES (value1,value2,value3);

　B．INSERT INTO emp (ename,sal) VALUES (value1,value2,value3);

　C．INSERT INTO emp (ename) VALUES (value1,value2,value3);

　D．INSERT INTO emp (ename,hiredate,sal) VALUES (value1,value2);

2．简答题

（1）插入记录的 INSERT INTO 语句和 REPLACE INTO 语句有什么区别？

（2）使用 INSERT INTO…SELECT…FROM 语句将已有表的记录插入指定表，需要注意哪些问题？

（3）删除数据库和删除表中数据使用的 SQL 语句是什么？

（4）删除表中记录的 DELETE 语句和 TRUNCATE 语句的区别是什么？

第 5 章　查询表中的数据

> 查询是数据库的核心应用。SQL通过SELECT语句来实现查询功能，可以从数据库的一个表或多个表中检索出需要的信息，还能够实现选择、投影和连接等操作。
> 本章介绍SQL的简单查询、连接查询和嵌套查询，包括查询结果的分组、排序、统计等内容。

◇ 学习目标

（1）掌握查询的基本语法结构。
（2）熟练掌握SELECT语句的筛选、分组、排序等子句。
（3）掌握连接查询的语法结构及应用。
（4）熟练应用嵌套实现复杂的查询。

◇ 知识结构

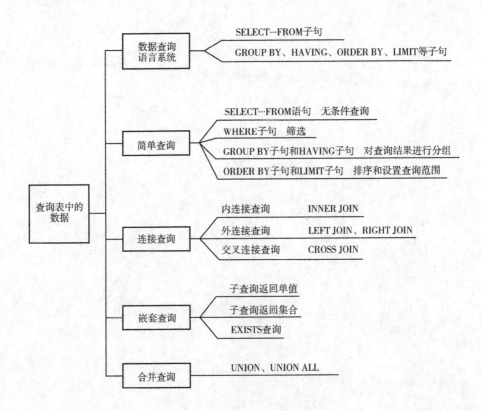

任务 5.1　数据查询语言系统

【任务描述】

SQL 创建查询使用 SELECT 语句。使用 SQL 语句时，将查询的表、查询所需的字段、筛选记录的条件、记录分组的依据、排序的方式以及查询结果的显示方式写在一条 SQL 语句中，就可以完成指定的工作。

本任务是让读者了解查询的基本结构和常用的查询子句。

1. 查询的基本结构

SQL 查询的基本结构由 SELECT…FROM 子句组成，语法格式如下。

```
SELECT [ALL|DISTINCT] <字段列表>|<表达式>|*
       FROM <表名> [JOIN <表名> ON <条件表达式>]
       [WHERE <条件表达式>]
       [GROUP BY <分组字段名>[HAVING <条件表达式>]]
       [ORDER BY <排序选项>[ASC|DESC]]
       [LIMIT 子句]
```

说明如下。

① SELECT 子句用于指明要查询的字段或表达式。

② FROM 子句用于指明查询的数据来源，即查询的数据来自哪些表。如果是多个表，可以使用 JOIN 选项连接。

③ WHERE 子句用于说明筛选条件，只有满足条件的记录才会出现在结果集中。

④ GROUP BY 子句用于对查询结果按字段名分组。

⑤ HAVING 子句必须跟随 GROUP BY 使用，它用于限定分组必须满足的条件。

⑥ ORDER BY 子句用于对查询的结果排序。

⑦ LIMIT 子句用于指定查询结果包含的行数。

2. 本章查询涉及的表

SEELCT 查询可以从一个表或多个表中检索出需要的数据信息，本章查询涉及 student、course、score 这 3 个表，表的结构和内容请参考附录。为了方便读者学习，下面使用查询语句查看这些表的内容。

【例 5-1】　查询 student、course、score 表中的全部记录。

```
mysql> SELECT * FROM student;
mysql> SELECT * FROM course;
mysql> SELECT * FROM score;
```

在【例 5-1】中，"*"表示所有字段（属性），即查询表的所有字段，运行结果如图 5-1 所示。

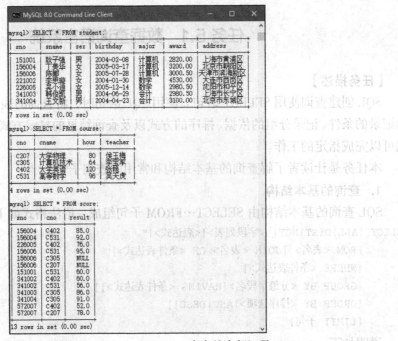

图 5-1 查询 student、course、score 表中的全部记录

任务 5.2 简单查询

【任务描述】

简单查询区别于连接查询和嵌套查询，主要是对单个表的查询。

本任务是让读者熟练掌握简单查询涉及的子句。

5.2.1 SELECT…FROM 语句

SELECT…FROM 语句实现的是无条件查询，语法格式如下。

```
SELECT [ALL|DISTINCT] <字段名列表>|<表达式>|*FROM 表名
```

选项 ALL 表示查询所有记录，是默认值；DISTINCT 用于去掉查询结果中的重复值；<字段名列表>用于指明查询的列，实现投影操作；<表达式>用于实现计算功能，可以在其中使用 SQL 的函数；"*"表示查询所有字段。

【例 5-2】 查询 student 表中的学号、姓名和出生日期。

```
mysql> SELECT sno,sname,birthday FROM student;
```

SELECT 后的字段名指明了查询要输出的内容。

【例 5-3】 查询 student 表中的性别。

```
mysql> SELECT DISTINCT sex FROM student;
```

因为要去掉结果中的重复值，所以代码中使用了 DISTINCT 短语。

【例 5-4】 查询 student 表中的学号、姓名和出生日期，并将列标题修改为对应的汉字。

```
mysql> SELECT sno AS 学号,sname AS 姓名,birthday 出生日期 FROM student;
```

修改查询结果中显示的标题，可以在列名后应用短语[AS 列别名]，其中的关键字 AS 可以省略，但保留 AS 会使语句的可读性更强。

【例5-2】、【例5-3】、【例5-4】的查询结果如图 5-2 所示。

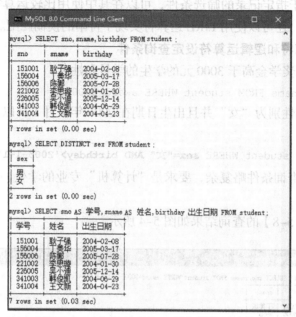

图 5-2　SELECT…FROM 语句的执行结果

【例5-5】　查询 student 表中学号、姓名和增加 200 元后的奖学金。

```
mysql> SELECT sno,sname,award+200 AS 奖学金 FROM student;
```

在 SELECT 语句中可以使用加（+）、减（-）、乘（*）、除（/）等算术运算符对数字类型的列进行运算，SELECT 语句还可以在表达式中使用函数。

【例5-6】　查询 student 表中学生的学号、姓名、专业和年龄。

```
mysql> SELECT sno,sname,major,2023-YEAR(birthday) AS 年龄 FROM student;
```

【例5-5】和【例5-6】的查询结果如图 5-3 所示。

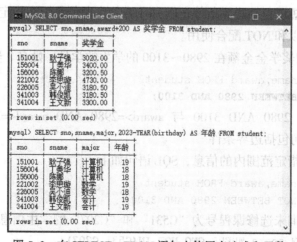

图 5-3　在 SELECT…FROM 语句中使用表达式和函数

5.2.2 WHERE 子句

WHERE 子句用于指定记录的筛选条件,可以在其中使用比较运算符和逻辑运算符,或用短语设定查询范围,还可以使用 LIKE 运算符实现字符串的模糊匹配。

1. 使用比较运算符和逻辑运算符设定查询条件

【例 5-7】 查询奖学金高于 3000 元的学生的学号和姓名。

```
mysql> SELECT sno,sname FROM student WHERE award>3000;
```

【例 5-8】 查询性别为"女"并且出生日期在 2005 年 1 月 1 日以后,或者专业是"计算机"的学生信息。

```
mysql> SELECT * FROM student WHERE sex="女" AND birthday>'2005-1-1' OR major="计算机";
```

上面代码设定的查询条件略复杂,要求是"计算机"专业的学生,或者"2005-1-1"以后出生的女生。

【例 5-7】和【例 5-8】的查询结果如图 5-4 所示。

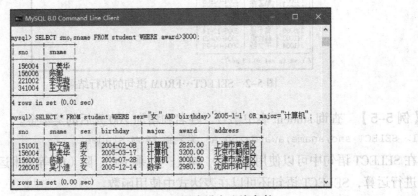

图 5-4 在 WHERE 短语中设定查询条件

2. 使用短语设定查询范围

定义查询范围的短语主要包括 BETWEEN…AND 和 IN。BETWEEN…AND 用于查询介于一定范围的信息,该短语包括边界条件;IN 用于查找字段值是否在指定集合内。

这两个短语都可以和 NOT 配合使用。

【例 5-9】 查询奖学金金额在 2980~3100 的学生的学号、姓名、奖学金信息。

```
mysql> SELECT sno,sname,award FROM student
    -> WHERE award BETWEEN 2980 AND 3100;
```

代码 BETWEEN 2980 AND 3100 与 award>=2980 AND award<=3100 是等价的,即 BETWEEN…AND 子句包括边界条件。

如果查询不在某指定范围内的信息,SQL 语句如下。

```
mysql> SELECT sno,sname,award FROM student
    -> WHERE award NOT BETWEEN 2980 AND 3100;
```

【例 5-10】 查询未选修课程号为"C531"和"C207"的学生信息。

```
mysql> SELECT * FROM score WHERE CNO NOT IN(C531,C207);
```

如果在 score 表中查询选修了课程号为"C531"和"C207"学生信息，代码如下。
```
mysql> SELECT * FROM score WHERE CNO IN(C531,C207);
```
【例5-9】、【例5-10】的查询结果如图5-5所示。

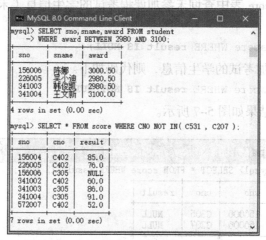

图 5-5　在 WHERE 短语中设定查询范围

3. 使用 LIKE 运算符的字符串匹配查询

LIKE 是字符串匹配运算符，和通配符"%""_"连用。通配符"%"表示 0 或多个字符，通配符"_"（下划线）表示一个字符。

例如，字符串"a%b"表示以 a 开头、以 b 结尾的任意长度字符串，axb、attrib、ab 都可能匹配；字符串"a_b"匹配以 a 开头、以 b 结尾的长度为 3 的字符串，axb、awb 满足匹配条件。

【例 5-11】　查询来自上海的学生的学号、姓名和地址信息。（注：代码中的换行与图中换行不同，并不会影响运行结果。代码中的换行是考虑到版式设计问题。）

```
mysql> SELECT sno,sname,address FROM student
    -> WHERE address LIKE '上海%';
```

【例 5-12】　查询姓名中第 2 个字为"美"的学生的学号、姓名和地址信息。

```
mysql> SELECT sno,sname,address FROM student
    -> WHERE sname LIKE "_美%";
```

类似地，如果要表示姓名中含有"丽"字的同学信息，可以使用"%丽%"。

【例 5-11】和【例 5-12】的查询结果如图 5-6 所示。

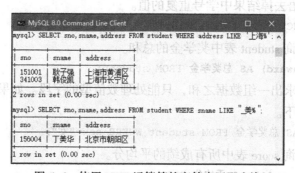

图 5-6　使用 LIKE 运算符的字符串匹配查询

4. 使用空值查询

SQL 支持空值，可以利用空值进行查询。查询空值时要使用 IS NULL，短语 "=NULL" 是无效的，因为空值不是一个确定的值，不能用 "=" 运算符进行比较。

【例 5-13】 在 score 表中查询未参加课程考试的学生信息（未参加考试即课程的成绩为空值）。

```
mysql> SELECT * FROM score WHERE result IS NULL;
```

如果要显示所有参加考试的学生信息，则代码如下。

```
mysql> SELECT * FROM score WHERE result IS NOT NULL;
```

【例 5-13】的查询结果如图 5-7 所示。

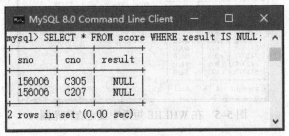

图 5-7 使用空值的查询结果

5.2.3 GROUP BY 子句和 HAVING 子句

在 SQL 中使用 GROUP BY 子句对查询结果进行分组，使用 HAVING 子句限定分组满足的条件。在分组查询中，可以使用 WHERE 子句先进行数据筛选。在查询中通常需要使用聚合函数进行统计计算。下面分别介绍聚合函数、GROUP BY 子句和 HAVING 子句。

1. SQL 中的聚合函数

SQL 为提高数据检索能力，提供了用于检索的聚合函数，包括计数函数 COUNT( )、求和函数 SUM( )、求平均值函数 AVG( )、求最大值函数 MAX( )和求最小值函数 MIN( )。

【例 5-14】 统计 score 表中的记录个数。

```
mysql> SELECT COUNT(*) FROM score;
```

COUNT( )函数用于计算表中满足条件的记录数。如果要检索 score 表中的学生人数，需要使用 DISTINCT 短语去掉结果中学号重复的值。

```
SELECT COUNT(DISTINCT 学号) FROM score;
```

【例 5-15】 查询 student 表中奖学金的总和。

```
mysql> SELECT SUM(award) AS 总奖学金 FROM student;
```

SUM( )函数用于求出一组数据之和，只能处理数值型的字段。如果计算性别为 "女" 的奖学金之和，代码如下。

```
SELECT SUM(award) AS 总奖学金 FROM student WHERE sex="女";
```

【例 5-16】 查询 score 表中所有成绩的平均分。

```
mysql> SELECT AVG(result) AS 平均分 FROM score;
```

【例 5-17】 查询 score 表中课程号为 "C402" 课程的最高分和最低分。

```
mysql> SELECT MAX(result) AS 最高分,MIN(result) AS 最低分
    -> FROM score WHERE cno= "C402";
```

MAX( )函数和 MIN( )函数分别用于求出一组数据的最大值和最小值，这两个函数可以用于处理任意类型的数据。下面的 SQL 语句用于计算 student 表中出生日期的最大值和最小值。

```
mysql> SELECT MAX(birthday) AS 最大值,MIN(birthday) AS 最小值
    -> FROM student;
```

【例 5-14】～【例 5-17】的查询结果如图 5-8 所示。

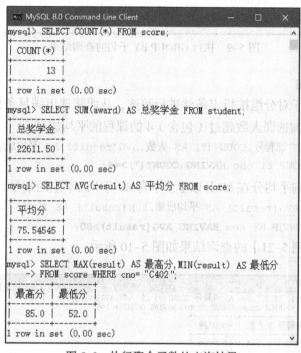

图 5-8 执行聚合函数的查询结果

2. GROUP BY 子句

GROUP BY 子句用于指定分组的列，通常与聚合函数一起使用。如果 SELECT 子句包含聚合函数，则字段列表一般只能包含聚合函数指定的字段名和 GROUP BY 子句指定的字段名，指定其他字段名可能无意义。

【例 5-18】 查询 score 表中各门课的平均成绩。

```
mysql> SELECT cno,AVG(result) AS 平均成绩 FROM score GROUP BY cno;
```

【例 5-19】 查询成绩在 80 分之上（含 80 分）的各门课程的平均成绩。

```
mysql> SELECT cno AS 课程号,AVG(result) AS 平均成绩
    -> FROM score WHERE result>=80 GROUP BY cno;
```

这里，首先用 WHERE 子句限定筛选 80 分以上（含 80 分）的记录，然后对满足条件的记录用 GROUP BY 子句进行分组。

【例 5-18】和【例 5-19】的查询结果如图 5-9 所示。

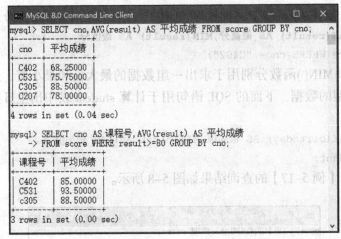

图 5-9　执行 GROUP BY 子句的查询结果

3. HAVING 子句

HAVING 子句用于对分组按指定条件进行筛选，从而筛选出满足条件的记录。

【例 5-20】 查询选课人数超过（包含）4 的课程的平均成绩。

```
mysql> SELECT cno AS 课程号,COUNT(*) AS 人数,AVG(result) AS 平均成绩
    ->FROM score GROUP BY cno HAVING COUNT(*)>=4;
```

【例 5-21】 查询平均分在 80 分以上（不含 80 分）的学生的学号、平均成绩和总成绩。

```
mysql> SELECT sno ,AVG(result) AS 平均成绩,SUM(result) AS 总成绩
    -> FROM score GROUP BY sno HAVING AVG(result)>80;
```

【例 5-20】和【例 5-21】的查询结果如图 5-10 所示。

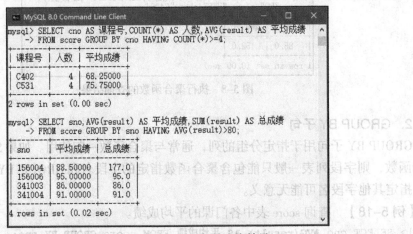

图 5-10　使用 HAVING 子句的查询结果

5.2.4　ORDER BY 子句和 LIMIT 子句

1. ORDER BY 子句

在 SQL 中用于排序的子句是 ORDER BY，语法格式如下。

ORDER BY <排序选项>[ASC|DESC]

其中，选项 ASC 表示升序，选项 DESC 表示降序，默认按升序排序。需要指出，排序操作可应用于数值、日期、字符串等数据类型，而且排序子句只能出现在 SELECT 语句的最后。

【例 5-22】 按出生日期升序查询 student 表的学号、姓名、出生日期信息。
```
mysql> SELECT sno,sname,birthday FROM student ORDER BY birthday;
```
如果将查询结果按降序排列，SQL 语句如下。
```
SELECT sno,sname,birthday FROM student ORDER BY birthday DESC;
```
【例 5-23】 按性别升序、奖学金降序查询 student 表的学生信息。
```
mysql> SELECT * FROM student ORDER BY sex,award DESC;
```
【例 5-22】和【例 5-23】的查询结果如图 5-11 所示。

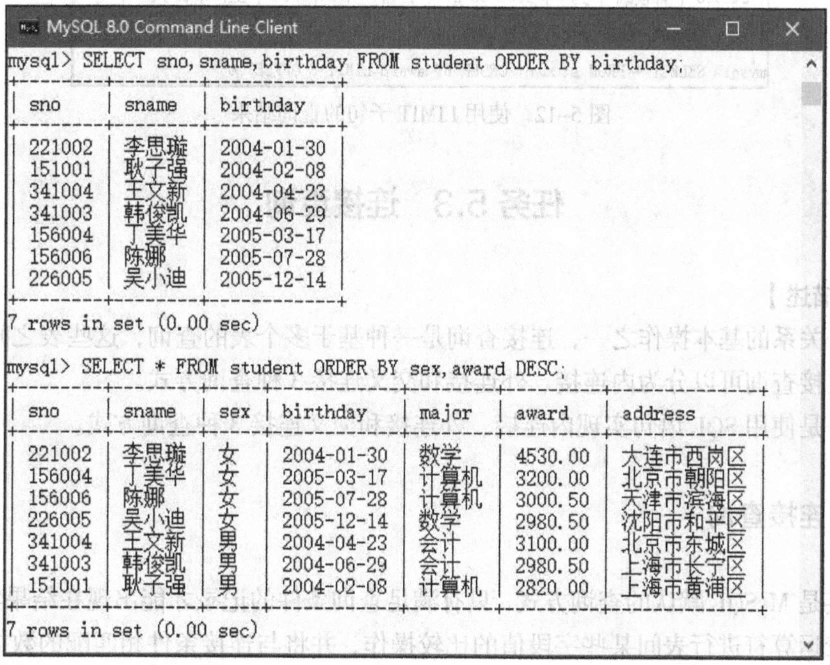

图 5-11 使用 ORDER BY 子句的查询结果

2. LIMIT 子句

在查询中，有时需要限制 SELECT 语句返回的记录数，可以使用 LIMIT 子句，语法格式如下。

LIMIT [偏移记录数]返回记录数

说明如下。

① 偏移记录数用于指定从哪一行开始显示，第 1 行的位置偏移量是 0，第 2 行的位置偏移量是 1，以此类推。如果不指定偏移记录数，则系统默认从表中的第 1 行开始显示。

② 返回记录数是 SELECT 语句返回的行数。

③ LIMIT 子句还有另一种语法格式。例如，显示表中第 3~6 行，可写为 "LIMIT 2,4"，也可以表示为 "LIMIT 4 OFFSET 2"。

【例5-24】 从student表中查询奖学金最低的3位学生的信息。
```
mysql> SELECT * FROM student ORDER BY award LIMIT 0,3;
```
偏移记录数为0，可以省略，查询语句也可写成
```
SELECT * FROM student ORDER BY award LIMIT 3;
```
或
```
mysql> SELECT * FROM student ORDER BY award LIMIT 3 OFFSET 0;
```
【例5-24】的查询结果如图5-12所示。

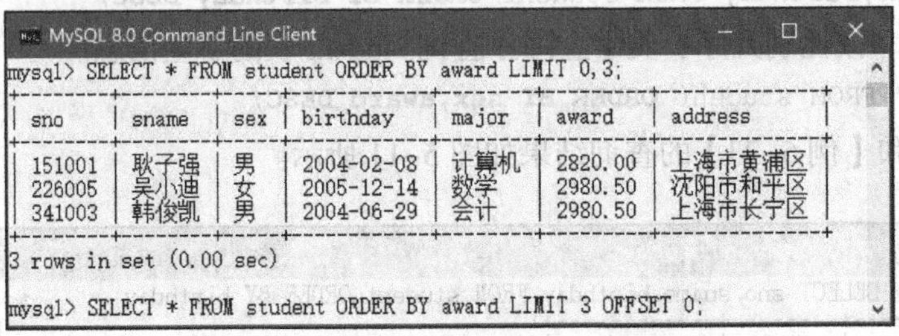

```
mysql> SELECT * FROM student ORDER BY award LIMIT 0,3;
+--------+--------+-----+------------+--------+---------+----------------+
| sno    | sname  | sex | birthday   | major  | award   | address        |
+--------+--------+-----+------------+--------+---------+----------------+
| 151001 | 耿子强 | 男  | 2004-02-08 | 计算机 | 2820.00 | 上海市黄浦区   |
| 226005 | 吴小迪 | 女  | 2005-12-14 | 数学   | 2980.50 | 沈阳市和平区   |
| 341003 | 韩俊凯 | 男  | 2004-06-29 | 会计   | 2980.50 | 上海市长宁区   |
+--------+--------+-----+------------+--------+---------+----------------+
3 rows in set (0.00 sec)

mysql> SELECT * FROM student ORDER BY award LIMIT 3 OFFSET 0;
```

图5-12 使用LIMIT子句的查询结果

任务5.3 连接查询

【任务描述】

连接是关系的基本操作之一，连接查询是一种基于多个表的查询，这些表之间需要有连接条件。连接查询可以分为内连接、外连接和交叉连接3种查询方式。

本任务是使用SQL语句实现内连接、外连接和交叉连接3种查询方式。

5.3.1 内连接查询

内连接是MySQL默认的查询方式，只有满足查询条件的记录才能出现在结果集中。内连接使用比较运算符进行表间某些字段值的比较操作，并将与连接条件相匹配的数据组成新记录。内连接有以下两种连接方式。

（1）使用INNER JOIN子句定义连接条件
```
SELECT [字段名列表|表达式]|* FROM 表1 [INNER] JOIN 表2
ON <连接条件> [WHERE<条件表达式>]
```

（2）使用WHERE子句定义连接条件
```
SELECT [字段名列表|表达式]|* FROM 表1 ,表2
WHERE <连接条件> [AND <条件表达式>]
```
说明如下。

① INNER关键字可以省略。

② 上述格式仅以两个表为例说明，实际上可以是多个表之间的连接。

③ 内连接通常是等值连接或非等值连接。等值连接的表的字段之间通过比较运算符"="连接起来，非等值连接使用其他比较运算符。

【例 5-25】　从 course 表和 score 表中查询课程号、课程名、学时、任课教师、学生学号、成绩信息，并按课程号排序。

```
mysql> SELECT course.cno,cname,hour,teacher,sno,result
    -> FROM course,score
    -> WHERE course.cno=score.cno ORDER BY course.cno;
```

这是一个涉及两个表连接的 SQL 语句，也可以用下面的 SQL 代码。

```
mysql> SELECT course.cno,cname,hour,teacher,sno,result FROM course JOIN score
    -> ON course.cno=score.cno ORDER BY course.cno;
```

需要注意的是，SELECT 后面的 cno 必须用<course.cno>来标识，因为 cno 字段存在于 score 和 course 两个表中，需要用<表名.字段名>加以限定。查询结果如图 5-13 所示。

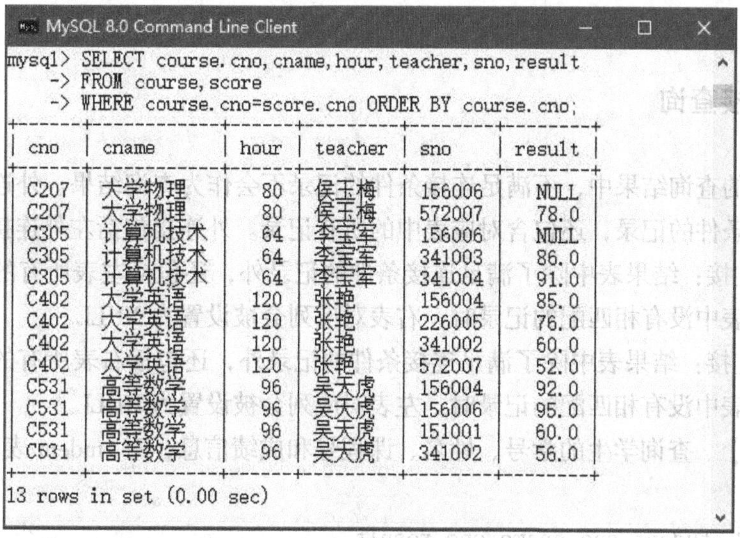
MySQL 8.0 Command Line Client

```
mysql> SELECT course.cno, cname, hour, teacher, sno, result
    -> FROM course, score
    -> WHERE course.cno=score.cno ORDER BY course.cno;
```

cno	cname	hour	teacher	sno	result
C207	大学物理	80	侯玉梅	156006	NULL
C207	大学物理	80	侯玉梅	572007	78.0
C305	计算机技术	64	李宝军	156006	NULL
C305	计算机技术	64	李宝军	341003	86.0
C305	计算机技术	64	李宝军	341004	91.0
C402	大学英语	120	张艳	156004	85.0
C402	大学英语	120	张艳	226005	76.0
C402	大学英语	120	张艳	341002	60.0
C402	大学英语	120	张艳	572007	52.0
C531	高等数学	96	吴天虎	156004	92.0
C531	高等数学	96	吴天虎	156006	95.0
C531	高等数学	96	吴天虎	151001	60.0
C531	高等数学	96	吴天虎	341002	56.0

13 rows in set (0.00 sec)

图 5-13　两个表连接查询的结果

【例 5-26】　查询选修“高等数学”课程的学生的学号、姓名和成绩。

```
mysql> SELECT student.sno,sname,course.cname,result
    -> FROM student,score,course
    -> WHERE course.cno=score.cno
    -> AND student.sno=score.sno and cname="高等数学";
```

这是一个涉及 3 个表连接的 SQL 语句，也可以用下面的 SQL 代码。

```
mysql> SELECT student.sno,sname,course.cname,result
    -> FROM student JOIN course JOIN score
    -> ON student.sno=score.sno and course.cno=score.cno
    -> WHERE cname="高等数学";
```

【例 5-27】　查询各门课程的平均成绩，按课程号分组。

```
mysql> SELECT course.cno AS 课程编号,cname AS 课程名称,AVG(result) AS 平均成绩
    -> FROM score,course
    -> WHERE score.cno=course.cno GROUP BY course.cno;
```

【例 5-26】和【例 5-27】的查询结果如图 5-14 所示。

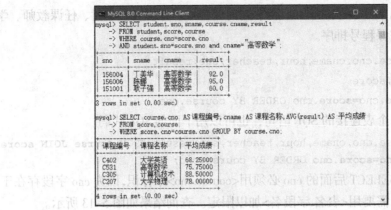

图 5-14 3 个表连接和分组查询的结果

5.3.2 外连接查询

在内连接的查询结果中,不满足连接条件的记录不会作为查询结果。外连接的结果不仅包含满足连接条件的记录,还包含对应表中的所有记录。外连接包括左外连接和右外连接。

① 左外连接:结果表中除了满足连接条件的记录外,还包括左表所有的记录;当左表有记录而在右表中没有相匹配的记录时,右表对应列会被设置为 NULL。

② 右外连接:结果表中除了满足连接条件的记录外,还包括右表所有的记录;当右表有记录而在左表中没有相匹配的记录时,左表对应列会被设置为 NULL。

【例 5-28】 查询学生的学号、姓名、课程号和成绩信息,对 student 表和 score 表进行左外连接。

```
mysql> SELECT student.sno,sname,cno,result
    -> FROM student LEFT JOIN score ON student.sno=score.sno;
```

查询结果如图 5-15 所示。可以看出,左表 student 的所有记录都出现在结果集中。左表中加标记的行是不满足连接条件的记录,在右表中找不到匹配记录,故将其设置为 NULL,表示该学生没有成绩。

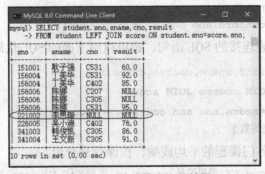

图 5-15 左外连接查询的结果

【例 5-29】 查询学生的学号、姓名、课程号和成绩,对 student 表和 score 表进行右外连接。

```
mysql> SELECT student.sno,sname,cno,result
    -> FROM student RIGHT JOIN score ON student.sno=score.sno;
```

查询结果如图 5-16 所示。可以看出，右表 score 的所有记录都出现在了结果集中。加标记的是不满足连接条件、在左表中找不到匹配的记录，故将其值设置为 NULL。

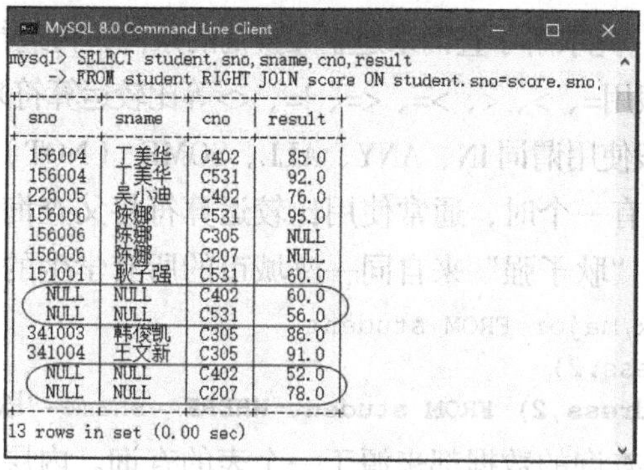

```
mysql> SELECT student.sno, sname, cno, result
    -> FROM student RIGHT JOIN score ON student.sno=score.sno;
+--------+--------+------+--------+
| sno    | sname  | cno  | result |
+--------+--------+------+--------+
| 156004 | 丁美华 | C402 |   85.0 |
| 156004 | 丁美华 | C531 |   92.0 |
| 226005 | 吴小迪 | C402 |   76.0 |
| 156006 | 陈娜   | C531 |   95.0 |
| 156006 | 陈娜   | C305 |   NULL |
| 156006 | 陈娜   | C207 |   NULL |
| 151001 | 耿子强 | C531 |   60.0 |
|   NULL | NULL   | C402 |   60.0 |
|   NULL | NULL   | C531 |   56.0 |
| 341003 | 韩俊凯 | C305 |   86.0 |
| 341004 | 王文新 | C305 |   91.0 |
|   NULL | NULL   | C402 |   52.0 |
|   NULL | NULL   | C207 |   78.0 |
+--------+--------+------+--------+
13 rows in set (0.00 sec)
```

图 5-16 右外连接查询的结果

5.3.3 交叉连接查询

交叉连接查询对参与查询的表没有任何要求，任何表都可以进行交叉连接查询。

【例 5-30】 将 student 表和 course 表进行交叉连接查询。

```
mysql> SELECT * FROM student CROSS JOIN course;
```

或

```
mysql> SELECT * FROM student,course;
```

上面 SQL 语句的执行结果是将 student 表中的每条记录与 course 表中的每一条记录连接起来形成的结果集。

交叉连接查询返回的结果集记录数等于参与连接查询的多个表记录数的乘积，也被称为笛卡儿积。例如，第 1 个表有 8 条记录，第 2 个表有 10 条记录，第 3 个表有 5 条记录，则交叉连接查询结果集的记录有 8 × 10 × 5=400 条。交叉连接查询结果集庞大，执行时间长，会消耗大量计算机资源，因此在实际中很少使用交叉连接查询。在 WHERE 子句中设置查询条件可以有效减少返回的结果集的记录数。

任务 5.4 嵌套查询

【任务描述】

在 SQL 中，可以将一个 SELECT 查询语句嵌入另一个 SELECT 查询语句的 WHERE 子句，也就是说一个查询的结果出现在另外一个查询的查询条件中，这类查询称为**嵌套查询**。

嵌套的 SELECT 查询使 SQL 可以实现各种复杂的查询。一般将内层的查询（即 WHERE 条件中出现的 SELECT 查询）称为**子查询**，将外层的查询称为**父查询**。在子查询的 SELECT 语句中不能使用 ORDER BY 子句，ORDER BY 子句只能对最终查询结果排序。子查询的结果必须是一个确定的内容,而且子查询必须用括号括起来。

本任务是使用嵌套实现复杂的查询功能。

5.4.1 子查询返回单值

嵌套查询的执行过程:先求解子查询来建立父查询的条件,再进行父查询。如果确切知道子查询的结果是一个值,一般用=、>、<、>=、<=、!=、<>等比较运算符来构造查询条件;如果子查询的结果为一个集合,一般使用谓词 IN、ANY、ALL、SOME、(NOT)EXISTS 来构造查询。

当子查询的返回值只有一个时,通常使用比较运算符将父查询和子查询连接起来。

【例 5-31】 查询和"耿子强"来自同一座城市的所有学生的姓名、性别和专业。

```
mysql> SELECT sname,sex,major FROM student
    -> WHERE LEFT(address,2)=
    -> (SELECT LEFT(address,2) FROM student WHERE  sname="耿子强");
```

这是一个父查询和子查询的数据都来源于一个表的查询。内层查询的结果(城市)构成了外层查询的条件,执行嵌套查询时先从内层查询中得到满足条件的城市,再到外层查询中找到对应的记录。这里的城市使用 LEFT(address,2)函数来表示。

【例 5-32】 查询比"韩俊凯"年龄大的所有学生的姓名、性别和出生日期。

```
mysql> SELECT sname,sex,birthday FROM student
    -> WHERE birthday>=
    -> (SELECT birthday FROM student WHERE  sname="韩俊凯");
```

上面的 SQL 代码与【例 5-31】类似,主要区别在于使用了比较运算符>=。

【例 5-33】 查询选修"张艳"老师的课程的学生的学号和成绩。

```
mysql> SELECT sno,result FROM score WHERE cno=
    -> (SELECT cno FROM course WHERE teacher="张艳");
```

这是一个父查询和子查询的数据来自不同的数据表的查询。

【例 5-31】、【例 5-32】和【例 5-33】的查询结果如图 5-17 所示。

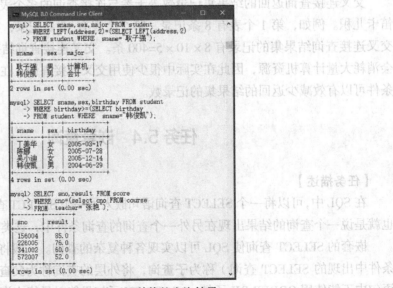

图 5-17 子查询返回单值的查询结果

5.4.2 子查询返回集合

当子查询的返回值不是一个表，而是一个集合时，通常需要使用谓词（在 SQL 中表示存在某种关系的词）在 WHERE 子句中指明如何使用这些返回值。谓词包括 IN、ANY、SOME、ALL 等，用法见表 5.1。

表 5.1 常见谓词的用法

谓词	用法	说明
IN	<字段> IN <结果集> <字段> IN (<子查询>)	字段内容必须是结果集或子查询中的一部分
ANY	<字段><比较运算符> ANY (<子查询>)	字段内容与子查询中任何一个值的关系满足条件，结果就为真
SOME	<字段><比较运算符> SOME (<子查询>)	同上
ALL	<字段><比较运算符> ALL (<子查询>)	字段内容必须与子查询中所有值的关系满足条件，结果才为真

ANY 和 SOME 是同义词，在比较运算时只要子查询中有一行能使结果为真，则结果就为真；而 ALL 则要求子查询中的所有行都使结果为真，结果才为真。使用 ANY、SOME 或 ALL 等谓词时，必须同时使用比较运算符。下面具体说明谓词的应用。

【例 5-34】 查询选修了课程号为"C402"课程的学生的学号和姓名。

```
mysql> SELECT sno,sname FROM student WHERE sno IN
    -> (SELECT sno FROM score WHERE cno="C402");
```

上面的 SQL 语句包含两个 SELECT…FROM 语句组，内层查询返回 score 表中选修课程号为"C402"课程的学号，是个集合；返回的集合构成了外层查询的条件，再返回 student 表中的学号和姓名。【例 5-34】还可以用连接查询实现，代码如下。

```
mysql> SELECT student.sno,sname FROM student,score
    -> WHERE student.sno=score.sno AND cno="C402";
```

【例 5-35】 查询学生成绩高于 90 分的课程号和课程名。

```
mysql> SELECT cno,cname FROM course
    -> WHERE cno IN (SELECT cno FROM score WHERE result>90);
```

在上面的 SQL 语句中，内层查询的结果构成了外层查询的条件。执行查询时先从内层查询得到满足条件的课程号（cno），再到外层查询中找到对应的课程名。

IN 是属于的意思，与"=ANY"是同义的，即等于子查询中的任何一个值。使用"=ANY"的 SQL 代码如下。

```
mysql> SELECT cno,cname FROM course WHERE
    -> cno=ANY(SELECT cno FROM score WHERE result>90);
```

【例 5-36】 查询所有课程的考试成绩都在 85 分以上的学生的学号、姓名和地址。

```
mysql> SELECT sno,sname,address FROM student WHERE sno NOT IN
    -> (SELECT sno FROM score WHERE (result<=85 or (result IS NULL)));
```

【例5-36】的 SQL 语句如果写成以下形式。

```
mysql> SELECT sno,sname,address FROM student
    -> WHERE sno IN (SELECT sno FROM score
    -> WHERE result>85 AND (result IS NOT NULL));
```

该语句的功能是查询有成绩高于 85 分的学生的姓名，这不满足本例的要求，读者应细心体会。

【例5-34】、【例5-35】和【例5-36】的查询结果如图 5-18 所示。

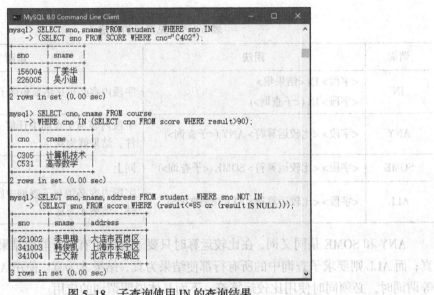

图 5-18　子查询使用 IN 的查询结果

【例5-37】　查询在选修课程号为"C305"课程的学生中，成绩比选修课程号为"C402"课程的最低成绩高的学生的学号和成绩。

```
mysql> SELECT sno,result FROM score WHERE cno ="C305" AND result>ANY
    -> (SELECT result FROM score WHERE cno="C402");
```

执行上述语句时，先执行子查询，查找课程号是"C402"的成绩信息；再执行父查询，筛选成绩大于子查询的任意一个值（实际上就是最小值）并且课程号是"C305"的学号和成绩。【例5-37】的 SQL 语句也可以写成以下形式。

```
mysql> SELECT sno,result FROM score
    -> WHERE cno ="C305" AND result>
    -> (SELECT MIN(result) FROM score WHERE cno="C402");
```

【例5-38】　查询有成绩高于学号为"156004"学生的最高成绩的学号和成绩。

```
mysql> SELECT sno,result FROM score WHERE result> ALL
    -> (SELECT result FROM score WHERE sno='156004');
```

上面查询语句的子查询返回的是学号为"156004"的所有成绩；再执行父查询，通过 ALL 指明要筛选的条件是成绩大于子查询的所有值（实际上是最大值），输出学号和成绩信息。【例5-38】的 SQL 语句也可以写成以下形式。

```
mysql> SELECT sno,result FROM score WHERE result>
    -> (SELECT MAX(result) FROM score WHERE sno='156004');
```

【例5-37】和【例5-38】的查询结果如图 5-19 所示。

第 5 章 查询表中的数据

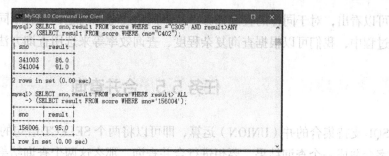

图 5-19 子查询使用 ANY 和 ALL 的查询结果

5.4.3 EXISTS 查询

在嵌套查询中，EXISTS 用于测试子查询是否有结果返回。若子查询的结果是一条或多条记录，则 EXISTS 返回 TRUE，否则返回 FALSE。如果在嵌套查询中为 NOT EXISTS，其返回值的含义与 EXISTS 相反。

【例 5-39】 查询有成绩高于 90 的学生信息。

```
mysql> SELECT * FROM student
    -> WHERE EXISTS(SELECT * FROM score WHERE sno=student.sno AND result>90);
```

上述语句等价于

```
mysql> SELECT * FROM student
    -> WHERE sno IN (SELECT sno FROM score WHERE sno=student.sno AND result>90);
```

需要注意的是，带有[NOT]EXISTS 谓词的子查询不返回任何数据，只产生逻辑真或逻辑假，即只是判断子查询中是否有结果返回，它本身并没有任何运算或比较。

【例 5-40】 查询没有选修课程号为"C402"课程的学生的姓名、学号和地址。

```
mysql> SELECT sno,sname,address FROM student
    -> WHERE NOT EXISTS (SELECT * FROM score WHERE sno=student.sno AND cno="C402");
```

这个语句等价于

```
mysql> SELECT sno,sname,address FROM student
    -> WHERE sno NOT IN (SELECT sno FROM score WHERE cno="C402");
```

【例 5-39】和【例 5-40】的查询结果如图 5-20 所示。

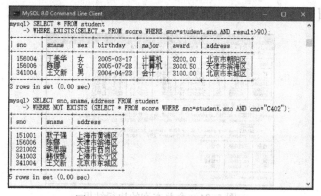

图 5-20 EXISTS 查询的执行结果

可以看出，对于同样的查询任务，从不同角度考虑问题，会有不同的查询方法。在实际查询过程中，我们可以根据查询复杂程度、查询效率等来选用查询方法。

任务 5.5　合并查询

SQL 支持集合的并（UNION）运算，即可以将两个 SELECT 语句的查询结果通过 UNION 关键字合并成一个查询结果。要想进行合并查询，那么这两个查询结果应具有相同的字段个数，并且对应字段的值要出自同一个值域，即具有相同的数据类型和取值范围。

合并查询的语法格式如下：

```
<SELECT 查询 1> {UNION|UNION ALL}
<SELECT 查询 2>
```

UNION 关键字将第 1 个查询结果中的所有记录与第 2 个查询结果中的所有记录相加。若不使用关键字 ALL，则消除重复记录，即所有返回记录都是唯一的；若使用关键字 ALL，则不消除重复记录，也不对结果自动排序。

说明如下。

① 在合并查询的各个单独的查询中，数据来源可以是同一个表，也可以是不同表。对于不同表，字段数和字段的顺序必须匹配，数据类型必须兼容。

② ORDER BY 子句和 LIMIT 子句，必须置于最后一条 SELECT 语句之后。

【例 5-41】　查询专业为"计算机"和"数学"的学生信息。

```
mysql> SELECT * FROM student WHERE major="计算机" UNION
    -> SELECT * FROM student WHERE major="数学";
```

由于合并的两个查询来自同一个表，上述语句等价于

```
mysql> SELECT * FROM student WHERE 专业="计算机" OR 专业="数学";
```

上述语句采用 UNION 关键字将两个查询的结果合并成一个结果集，消除重复记录。

【例 5-42】　查询专业为"计算机"和"数学"的不同性别学生的平均成绩。

```
mysql> SELECT sex 性别,avg(result) 平均成绩,major 专业 FROM student JOIN score
    -> on student.sno=score.sno  WHERE major="计算机" GROUP BY sex
    -> UNION
    -> SELECT sex,avg(result),major FROM student JOIN score
    -> on student.sno=score.sno WHERE major="数学"  GROUP BY sex;
```

【例 5-41】和【例 5-42】的查询结果如图 5-21 所示。

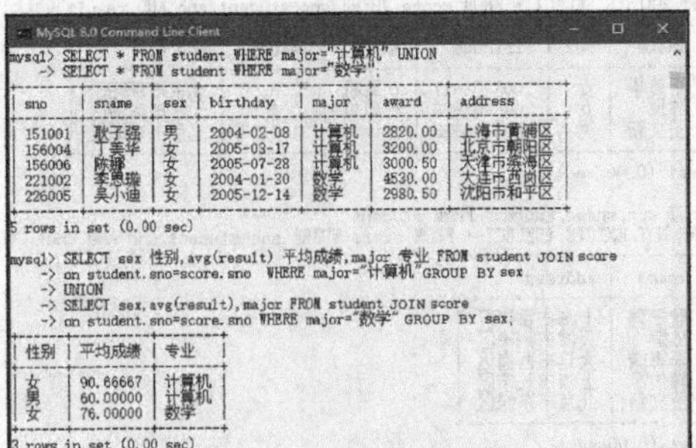

图 5-21　合并查询的执行结果

上机实践

基于 student 表、course 表和 score 表，利用 SQL 语句完成下列查询。

1. 完成简单查询

① 查询 2005 年以前出生的学生信息。

② 查询"会计"专业的所有学生的姓名和年龄。

提示：使用"YEAR(CURDATE( ))-YEAR(birthday) AS 年龄"语句。

③ 查询成绩在 70～90 分的学生的学号（不重复）。

④ 查询姓"陈"和姓"王"的学生信息。

⑤ 查询统计 student 表中各专业的学生人数。

⑥ 查询 student 表中奖学金在 3000 元以下的学生信息，并将查询的结果按奖学金降序排序，按性别升序排序。

2. 完成连接查询

① 查询选修了"大学英语"课程的学生的学号、课程号、成绩和学时。

② 查询 student 表中男女生人数、平均奖学金（显示性别、人数、平均奖学金）。

提示：使用"AVG(award) AS 平均奖学金 GROUP BY sex"语句。

3. 完成嵌套查询

① 查询未选课学生的学号和姓名。

提示：使用"WHERE sno NOT IN（SELECT DISTCT sno FROM score）"语句。

② 查询奖学金低于平均奖学金的学生信息。

提示：使用"WHERE award<(SELECT AVG(award) FROM student)"语句。

③ 查询选修了某门课程（例如课程号为 C402）的学生中成绩最高的学生的姓名、成绩。

习 题

1. 选择题

（1）在 SELECT 语句中，能实现投影操作的子句是哪一项？（   ）

A．SELECT   B．FROM   C．WHERE   D．GOUP BY

（2）在 SQL 中，实现分组查询的子句是哪一项？（   ）

A．ORDER BY   B．GROUP BY   C．HAVING   D．ASC

（3）address 是表中的字段名。关于空值判断的子句中，**不正确**的是哪一项？（   ）

A．address IS NULL   B．address IS NOT NULL

C．address=NULL   D．NOT (address IS NULL)

（4）在 SELECT 语句中，HAVING 子句的位置是哪一项？（   ）

A．WHERE 子句之前   B．WHERE 子句之后

C．GROUP BY 子句之前   D．GROUP BY 子句之后

（5）在 SQL 中，字符串匹配运算符是哪一项？（　　）

　　A．LIKE　　　　B．AND　　　　　　C．IN　　　　　　　　D．=

（6）查询结果从第 2 条记录开始显示 4 条记录。以下 LIMIT 子句正确的是哪一项？
（　　）

　　A．LIMIT 2,4;　　B．LIMIT 2,5;　　C．LIMIT 1,4;　　D．LIMIT 1,5;

（7）已知有字符型字段 address，查询以"街道"结尾的地址，正确的表达式是哪一项？
（　　）

　　A．address LIKE '%街道'　　　　　　B．address LIKE '街道%'

　　C．address LIKE '%街道_'　　　　　　D．address LIKE '_街道%'

（8）关于嵌套查询，以下说法正确的是哪一项？（　　）

　　A．先执行子查询

　　B．子查询的查询条件与父查询中的数据表无关

　　C．父查询和子查询交替执行

　　D．子查询执行一次

2. 简答题

（1）简述 SELECT 各子句的功能。

（2）设定查询范围的短语有哪些？举例说明。

（3）LIKE 关键字主要使用哪些通配符？

（4）外连接查询有哪几种？

（5）嵌套查询使用哪些谓词？都是什么含义？

第6章 创建与使用视图和索引

视图是基于 SQL 查询结果集的可视化表，是一个虚拟表。SQL 中的大多数查询操作也可在视图上进行。数据库中的索引与书中的目录类似，通过索引可以快速找到指定的信息。本章介绍视图的创建与使用方法，索引的基本操作方法。

◆ 学习目标

（1）理解视图的概念与作用。
（2）熟练使用 SQL 语句创建和使用视图。
（3）掌握索引的概念与类型。
（4）熟练使用语句命令创建和操作索引。

◆ 知识结构

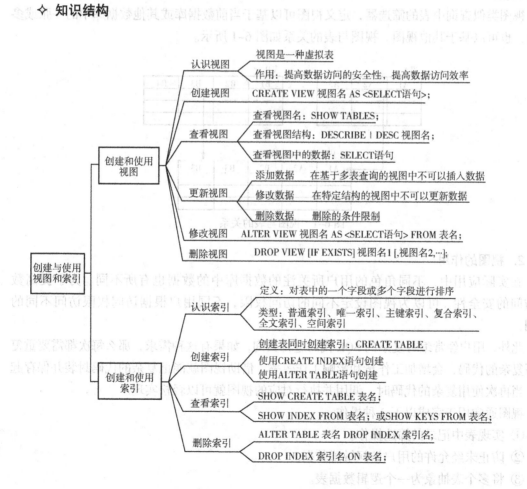

任务 6.1　创建和使用视图

【任务描述】

从安全角度来看,视图只提供用户可见的数据,隐藏了数据库的结构;从符合处理逻辑角度来看,视图使用户更容易理解数据。

本任务是让读者理解视图的概念与作用,掌握使用 SQL 语句创建视图、查询视图、更新视图、修改视图和删除视图的方法。

6.1.1　认识视图

1. 视图的概念

视图是一种虚拟表,用于查看数据库中一张或多张表中的数据。视图是由一张或多张表的记录和字段的子集创建的,可以包含全部记录和字段。但是,视图并不是数据库中存储的数据的对象,其中的数据来自查询所引用的表,查询视图时将直接显示来自表中的数据。

视图类似查询中表的筛选器,定义视图可以基于当前数据库或其他数据库中的一张或多张表,也可以基于其他视图。视图与表的关系如图 6-1 所示。

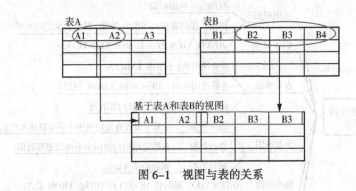

图 6-1　视图与表的关系

2. 视图的作用

在实际应用中,不同角色的用户所关注的数据库中的数据也有所不同。为了提高数据访问的安全性,可以为视图设定不同的访问权限,不同用户根据访问权限访问不同的视图。

此外,用户经常编写复杂的 SQL 代码进行查询,如果有这种需求,那么每次都需要重复编写复杂的代码,会增加工作量和影响工作效率。借助视图就能把复杂的代码封装并保存起来,当再次使用复杂的代码时,调用并执行对应的视图就可以轻松实现。

视图通常用于完成以下 3 种操作。

① 实现表中记录的筛选操作。

② 防止未经允许的用户访问敏感数据。

③ 将多个表抽象为一个逻辑数据表。

3. 视图的优点

（1）易理解性

创建视图时，程序员可以将字段修改为有意义的名称，使用户更容易理解字段所代表的内容，在视图中修改字段名不会影响原表的字段名。

（2）简单性

对于不熟悉 SQL 操作的用户来说，创建面向多个表的复杂查询很困难，而通过创建视图可以方便地访问多个表中的数据。

（3）安全性

用户通过视图可以查询和修改与其有关的数据，隐藏无关的数据。

（4）数据的逻辑独立性

视图可以使应用程序和数据库表在一定程度上相互独立。如果没有视图，应用程序一定是建立在表上的。有了视图之后，应用程序可以建立在视图上，从而应用程序与数据库表被视图分割，调试应用程序更方便。

4. 使用视图的注意事项

使用视图时应注意以下事项。

① 在视图中可以使用多个表。

② 与查询类似，一个视图可以嵌套另一个视图，但嵌套最好不要超过 3 层。

③ 在视图中添加、更新和删除数据，会直接影响原表中的数据。

④ 当视图中的数据来自多个表时，不允许添加和删除数据。

6.1.2 创建视图

使用 SQL 语句创建视图的语法格式如下。

```
CREATE VIEW 视图名 AS  <SELECT 语句>;
```

说明如下。

① CREATE VIEW 语句用于创建新视图，如果数据库中存在同名的视图，则会报告错误。

② 视图名要求不能与同一个数据库中的表或其他视图同名。

③ <SELECT 语句>用于定义视图的内容，在 SELECT 语句中可以引用基本表或其他视图。

【例 6-1】 创建视图 v_stuboy，显示所有男生的学号、姓名、出生日期。

```
mysql> CREATE VIEW v_stuboy AS
    -> SELECT sno,sname,birthday FROM student WHERE sex="男";
Query OK, 0 rows affected (0.01 sec)
```

查询视图内容的代码如下。

```
mysql> SELECT * FROM v_stuboy;
+--------+--------+------------+
| sno    | sname  | birthday   |
+--------+--------+------------+
| 151001 | 耿子强 | 2004-02-08 |
```

```
| 341003   | 韩俊凯      | 2004-06-29 |
| 341004   | 王文新      | 2004-04-23 |
+----------+-------------+------------+
3 rows in set (0.00 sec)
```

【例6-2】 创建视图 v_stu_cou_sco,显示所有学生的学号、姓名、所学的课程及成绩。

```
mysql> CREATE VIEW v_stu_cou_sco AS
    -> SELECT s.sno,sname,cname,result
    -> FROM student AS s
    -> INNER JOIN score AS sc ON(s.sno=sc.sno)
    -> INNER JOIN course AS c ON(c.cno=sc.cno);
Query OK, 0 rows affected (0.00 sec)
```

查询视图内容的代码如下。

```
mysql> SELECT * FROM v_stu_cou_sco;
+--------+--------+------------+--------+
| sno    | sname  | cname      | result |
+--------+--------+------------+--------+
| 156004 | 丁美华 | 大学英语   |  85.0  |
| 156004 | 丁美华 | 高等数学   |  92.0  |
| 226005 | 吴小迪 | 大学英语   |  76.0  |
| 156006 | 陈娜   | 高等数学   |  95.0  |
| 156006 | 陈娜   | 计算机技术 |  NULL  |
| 156006 | 陈娜   | 大学物理   |  NULL  |
| 151001 | 耿子强 | 高等数学   |  60.0  |
| 341003 | 韩俊凯 | 计算机技术 |  86.0  |
| 341004 | 王文新 | 计算机技术 |  91.0  |
+--------+--------+------------+--------+
9 rows in set (0.00 sec)
```

提示:默认情况下,创建的视图和基本表的字段是一样的,也可以为视图重新指定字段名称。

6.1.3 查看视图

1. 查看视图名

视图是虚拟的表,因此,查看视图名的方法和查看表的方法是一样的,其语法格式如下。

```
SHOW TABLES;
```

由该语句可得到所有的表和视图,也可以通过模糊检索的方式专门查看视图。

【例6-3】 查看当前数据库中的所有表和视图,再查看当前数据库中的所有视图。

```
mysql> SHOW TABLES;
+-------------------+
| Tables_in_mydata  |
+-------------------+
| course            |
| score             |
```

```
| student             |
| v_stu_cou_sco       |
| v_stuboy            |
+---------------------+
5 rows in set (0.03 sec)
```

为了方便查询视图，命名视图时以 "v" 开头，查询代码如下。

```
mysql> SHOW TABLES LIKE 'v_%';
+----------------------+
| Tables_in_mydata (v_%) |
+----------------------+
| v_stu_cou_sco        |
| v_stuboy             |
+----------------------+
2 rows in set (0.03 sec)
```

2. 查看视图结构

查看视图结构的语法格式如下。

```
DESCRIBE|DESC 视图名;
```

或者

```
SHOW FIELDS FROM 视图名;
```

【例 6-4】 查看视图 v_stu_cou_sco 的结构。

```
mysql> SHOW FIELDS FROM v_stu_cou_sco;
```

或

```
mysql> DESC v_stu_cou_sco;
+--------+-------------+------+-----+---------+-------+
| Field  | Type        | Null | Key | Default | Extra |
+--------+-------------+------+-----+---------+-------+
| sno    | int         | NO   |     | NULL    |       |
| sname  | varchar(40) | NO   |     | NULL    |       |
| cname  | varchar(40) | NO   |     | NULL    |       |
| result | float(5,1)  | YES  |     | NULL    |       |
+--------+-------------+------+-----+---------+-------+
4 rows in set (0.07 sec)
```

3. 查看视图中的数据

视图被定义后，就可以像查询基本表一样在视图中进行各种查询，使用 SELECT 语句查询视图中的数据的语法和查询基本表中数据的语法一样，格式如下。

```
SELECT <字段名列表> FROM 视图名 [WHERE <条件>];
```

【例 6-5】 查询视图 v_stu_cou_sco 中学习 "计算机技术" 这门课程的学生的学号、姓名和成绩。

```
mysql> SELECT sno,sname,result FROM v_stu_cou_sco
    -> WHERE cname="计算机技术";
+--------+--------+--------+
| sno    | sname  | result |
+--------+--------+--------+
| 156006 | 陈娜   |  NULL  |
```

```
| 341003 | 韩俊凯    |   86.0  |
| 341004 | 王文新    |   91.0  |
+--------+-----------+---------+
3 rows in set (0.00 sec)
```

6.1.4 更新视图

操作视图数据是指通过视图对基本表中的数据进行添加（INSERT）、修改（UPDATE）和删除（DELETE）操作。操作视图数据与操作基本表的数据比较类似，但操作视图数据有所限制。

1. 添加数据

使用 INSERT 语句可以向视图中添加数据，通过视图添加的数据，实际上是被添加到了其引用的基本表中。

【例6-6】 在 v_stuboy 视图中插入一条记录。

```
mysql> INSERT INTO v_stuboy VALUES(157009,'朱凡彬','2003-09-01');
Query OK, 1 row affected (0.01 sec)
```

查看在视图中插入记录的结果，代码如下。

```
mysql> SELECT * FROM v_stuboy;
+--------+--------+------------+
| sno    | sname  | birthday   |
+--------+--------+------------+
| 151001 | 耿子强 | 2004-02-08 |
| 157009 | 朱凡彬 | 2003-09-01 |
| 341003 | 韩俊凯 | 2004-06-29 |
| 341004 | 王文新 | 2004-04-23 |
+--------+--------+------------+
4 rows in set (0.10 sec)
```

提示如下。

① 如果视图是基于多表查询得到的，则不能通过视图插入数据。

② 在视图中插入的值的个数、数据类型，应和视图定义的列数、基本表对应的数据类型保持一致。

2. 修改数据

使用 UPDATE 语句能够修改视图数据，通过视图修改的数据，将被更新到其引用的基本表中。

【例6-7】 通过视图 v_stuboy 将朱凡彬的出生日期修改为 2002 年 8 月 1 日，并重新查询该视图的数据，然后查询基本表（student 表）中的数据。

（1）更新视图中的数据

```
mysql> UPDATE v_stuboy SET birthday="2002-8-1" WHERE sname="朱凡彬";
Query OK, 1 row affected (0.01 sec)
Rows matched: 1  Changed: 1  Warnings: 0
```

（2）查询视图中的数据

```
mysql> SELECT * FROM v_stuboy;
+--------+-----------+------------+
| sno    | sname     | birthday   |
+--------+-----------+------------+
| 151001 | 耿子强    | 2004-02-08 |
| 157009 | 朱凡彬    | 2002-08-01 |
| 341003 | 韩俊凯    | 2004-06-29 |
| 341004 | 王文新    | 2004-04-23 |
+--------+-----------+------------+
4 rows in set (0.05 sec)
```

（3）查看基本表中的数据

```
mysql> SELECT * FROM student;
+--------+-----------+------+------------+--------+---------+--------------------+
| sno    | sname     | sex  | birthday   | major  | award   | address            |
+--------+-----------+------+------------+--------+---------+--------------------+
| 151001 | 耿子强    | 男   | 2004-02-08 | 计算机 | 2820.00 | 上海市黄浦区       |
| 156004 | 丁美华    | 女   | 2005-03-17 | 计算机 | 3200.00 | 北京市朝阳区       |
| 156006 | 陈娜      | 女   | 2005-07-28 | 计算机 | 3000.50 | 天津市滨海新区     |
| 157009 | 朱凡彬    | 男   | 2002-08-01 | NULL   |    NULL | 地址不详           |
| 221002 | 李思璐    | 女   | 2004-01-30 | 数学   | 4530.00 | 大连市西岗区       |
| 226005 | 吴小迪    | 女   | 2005-12-14 | 数学   | 2980.50 | 沈阳市和平区       |
| 341003 | 韩俊凯    | 男   | 2004-06-29 | 会计   | 2980.50 | 上海市长宁区       |
| 341004 | 王文新    | 男   | 2004-04-23 | 会计   | 3100.00 | 北京市东城区       |
+--------+-----------+------+------------+--------+---------+--------------------+
8 rows in set (0.00 sec)
```

提示：需要注意的是，不是所有视图都是可以更新的，有一些特定的结构会使视图不可更新。如果视图包含以下结构中的任意一种，它就是不可更新的。

① 聚合函数 SUM( )、MIN( )、MAX( )和 COUNT( )等。

② DISTINCT 关键字。

③ GROUP BY 子句。

④ HAVING 子句。

⑤ UNION 或 UNION ALL 运算符。

⑥ 位于选择列表中的子查询。

⑦ FROM 子句中的不可更新视图或包含多个表。

⑧ WHERE 子句中的子查询引用了 FROM 子句中的表。

3. 删除数据

使用 DELETE 语句可以删除视图数据，删除视图数据实际上是删除视图引用的基本表中的数据。

【例 6-8】 通过视图 v_stuboy 删除姓名为"朱凡彬"的记录。

```
mysql> DELETE FROM v_stuboy WHERE sname="朱凡彬";
Query OK, 1 row affected (0.02 sec)
mysql> SELECT * FROM student;
+--------+-----------+------+------------+--------+---------+--------------------+
| sno    | sname     | sex  | birthday   | major  | award   | address            |
```

```
+--------+----------+-----+------------+--------+---------+------------------+
| 151001 | 耿子强   | 男  | 2004-02-08 | 计算机 | 2820.00 | 上海市黄浦区     |
| 156004 | 丁美华   | 女  | 2005-03-17 | 计算机 | 3200.00 | 北京市朝阳区     |
| 156006 | 陈娜     | 女  | 2005-07-28 | 计算机 | 3000.50 | 天津市滨海新区   |
| 221002 | 李思璇   | 女  | 2004-01-30 | 数学   | 4530.00 | 大连市西岗区     |
| 226005 | 吴小迪   | 女  | 2005-12-14 | 数学   | 2980.50 | 沈阳市和平区     |
| 341003 | 韩俊凯   | 男  | 2004-06-29 | 会计   | 2980.50 | 上海市长宁区     |
| 341004 | 王文新   | 男  | 2004-04-23 | 会计   | 3100.00 | 北京市东城区     |
+--------+----------+-----+------------+--------+---------+------------------+
7 rows in set (0.07 sec)
```

提示：通过视图删除基本表的记录时会受到以下两点限制。

① 如果要删除的记录不在视图的定义中，则无法通过该视图删除。

② 如果删除语句的条件所指定的字段未包含在视图定义中，则无法通过该视图删除。

6.1.5 修改视图

修改视图就是修改视图的定义，例如基本表中新增或删除了字段，而视图引用了该字段，此时就必须修改视图使之与基本表保持一致，或者要调整视图的算法、权限等。修改视图的 SQL 语句的语法格式如下。

```
ALTER VIEW 视图名 AS <SELECT 语句> FROM 表名;
```

【例 6-9】 修改视图 v_stuboy，显示所有男生的学号、姓名、出生日期、专业等信息。

```
mysql> ALTER VIEW v_stuboy AS
    -> SELECT sno,sname,birthday,major FROM student WHERE sex="男";
Query OK, 0 rows affected (0.01 sec)
```

6.1.6 删除视图

视图虽然能简化操作，但并不是越多越好。当不再需要视图时，可以使用 DROP VIEW 语句将其删除，语法格式如下。

```
DROP VIEW [IF EXISTS] 视图名1[,视图名2,…];
```

说明如下。

① 可以指定多个要删除的视图名称，中间用逗号分隔，为避免删除不存在的视图，可以加上 IF EXISTS 子句进行判断。

② 必须拥有待删除视图的 DROP 权限才能删除视图。

【例 6-10】 删除视图 v_stuboy，代码如下。

```
mysql> DROP VIEW IF EXISTS v_stuboy;
Query OK, 0 rows affected (0.01 sec)
```

提示：删除视图只是删除了视图的定义，不影响基本表中的数据。视图被删除后，基于被删除视图的其他视图或应用程序将无效。

任务 6.2　创建和使用索引

【任务描述】

索引用于快速查找被索引字段中的特定数据值，无索引时，MySQL 必须从表的第一条记录开始遍历，直到找出相关的行，表越大，查询的时间就越长。如果在表中查询的字段有索引，则 MySQL 能够快速定位数据存储的位置，而不必遍历整个表。

本任务是让读者理解索引的概念与作用，掌握使用 SQL 语句创建索引、查看索引和删除索引的方法。

6.2.1　认识索引

1．索引的概念

数据库中的索引类似书中的目录。在一本书中，利用目录可以快速查找所需要的内容，无须翻阅整本书。在数据库中，使用索引无须对整个表进行扫描，就可以快速找到所需要的数据。

索引（index）是指对表中的一个字段或多个字段进行排序，并根据索引字段创建指向表的记录所在位置的指针。

数据库中的数据，被这些索引项存储在表中，因此索引是在表上创建的，由表中的一个字段或多个字段组成的索引项存储在数据结构 B 树或哈希表中，通过 MySQL 可以快速有效地查找与索引项关联的字段。根据索引的存储类型不同，索引可以分为 B 树索引和哈希索引两种。

索引的应用提高了数据库的检索速度，改善了数据库的性能。

2．索引的分类

MySQL 中常用的索引有以下 6 类。

（1）普通索引

普通索引是 MySQL 中最基本的索引类型，允许在定义索引的字段中插入重复值和空值，它的唯一任务是加快对数据的访问速度，所以一般只为那些最常出现在查询条件（WHERE）或排序条件（ORDER BY）中的字段创建索引。

（2）唯一索引

唯一索引不允许表中的两条记录具有相同的索引值。如果在表中存在重复的键值，则一般情况下不允许创建唯一索引。如果已经创建了唯一索引，那么当插入新数据而使表中的键值有重复时，数据库将拒绝插入。

如果在表中创建了唯一性约束，则会自动创建唯一索引。虽然唯一索引有助于找到信息，但是为了获得最佳性能，仍然建议使用主键索引。

（3）主键索引

在数据库中为表定义主键时将自动创建主键索引，主键索引是唯一索引的特殊类型。主键索引要求主键中的每个值都是非空、唯一的。当在查询中使用主键索引时，允许快速访问数据。

（4）复合索引

在创建索引时，并不是只能对其中的一个字段创建索引，可以将多个字段组合作为索引，这种索引称为复合索引。需要注意的是，只有在查询中使用了复合索引最左边的字段，索引才会被使用。

（5）全文索引

全文索引的作用是在定义索引的字段上支持值的全文查找，允许在这些索引字段中插入重复值和空值。全文索引可以在 CHAR、VARCHAR 或 TEXT 类型的字段上创建，主要用于在大量文本文字中搜索字符串，效率远高于使用 SQL 的 LIKE 关键字。

（6）空间索引

空间索引是对空间数据类型的字段建立的索引，如 GEOMETRY、POINT 等。创建空间索引的字段必须将其声明为 NOT NULL。

3. 设计索引的原则

索引能提高检索效率，但不是创建的索引越多越好。过多的索引不仅占用磁盘空间，还会影响 INSERT、DELETE 和 UPDATE 等语句的性能。因此，应该仔细考虑在哪些情况下可以创建索引，在哪些情况下不适合创建索引。索引设计得不合理或者缺少索引都会对数据库和应用程序的性能产生不良影响，高效的索引对于获得良好的性能非常重要。

适合创建索引的情况如下。

① 在经常需要查询的字段上创建索引可以加快查询速度。

② 在经常用于连接的字段上创建索引。这些字段设置的主要是外键，可以加快连接的速度。

③ 当唯一性是某种数据本身的特征时，可以创建唯一索引。

④ 在经常需要根据范围进行搜索的字段上创建索引。因为索引已经排序，故其指定的范围是连续的。

⑤ 在经常需要排序或分组的字段上创建索引。因为索引已经排序，查询时可以利用索引的排序加快排序查询时间。

不适合创建索引的情况如下。

① 在查询中很少使用（或者参考）的字段不应该创建索引，因为这些字段很少被使用到，故有索引或者无索引并不能提高查询速度。创建索引反而会降低系统的维护速度和增大空间。

② 数据量小的表最好不要使用索引，由于数据较少，查询花费的时间可能比遍历索引的时间还要短，创建索引并不会产生优化的效果。

③ 只有很少数据值的字段也不应该创建索引。例如性别只有"男"和"女"两个值，增加索引并不能明显加快检索速度，反而会严重降低数据的更新速度。

④ 当数据表的更新需求远大于查询需求时，不应该创建索引。

6.2.2 创建索引

创建索引有两种方法：一种是在创建表时创建索引；二是在已有的表上创建索引。

1. 创建表时创建索引

创建表的同时创建索引，语法格式如下。

```
CREATE TABLE 表名(
字段1 数据类型 [字段属性|约束] [索引],
```

字段2 数据类型 [字段属性|约束] [索引],
……
[其他约束]
[UNIQUE|FULLTEXT|SPATIAL] INDEX [索引名] (字段名[(长度)] [ASC|DESC])
);

其中，创建索引的子句如下。

[UNIQUE|FULLTEXT|SPATIAL] INDEX [索引名] (字段名[(长度)] [ASC|DESC])

说明如下。

① UNIQUE 表示索引是唯一索引，FULLTEXT 表示索引是全文索引，SPATIAL 表示索引是空间索引。
② INDEX 用于指定索引字段。
③ 索引名是新创建的索引的名称。
④ 字段名是指定索引对应的字段名称，该字段必须是表中已经定义的字段。
⑤ 长度指索引中关键字的长度，只有字符串类型才可以使用长度。
⑥ ASC|DESC 表示升序（ASC）或降序（DESC）排列。

【例6-11】 创建专业（major）表，为专业名称（majname）字段创建唯一索引。

```
mysql> CREATE TABLE major(
    -> majno INT(4) PRIMARY KEY,
    -> majname VARCHAR(20) NOT NULL,
    -> director VARCHAR(16),
    -> UNIQUE INDEX(majname)
    -> );
Query OK, 0 rows affected, 1 warning (0.02 sec)
```

执行上述语句后，major 表的 majname 字段创建了一个唯一索引，索引名默认为字段名。上述语句没有指明排序方式，因此采用默认方式，即升序索引。

【例6-12】 创建教师（teacher）表，在教师姓名（tname）字段上创建唯一索引。

```
mysql> CREATE TABLE teacher(
    -> tno INT(4) PRIMARY KEY,
    -> tname VARCHAR(10) NOT NULL,
    -> college VARCHAR(10),
    -> age INT(2),
    -> phone VARCHAR(12),
    -> INDEX idx2(college,age DESC)
    -> );
Query OK, 0 rows affected, 2 warnings (0.02 sec)
```

上述语句建立的复合索引 idx2 是个普通索引。排序时，先按 college 字段升序排列，如果 college 值相同，再按 age 字段降序排列。

2. 在已有的表上创建索引

创建完表后，可以使用 CREATE INDEX 语句或 ALTER TABLE 语句创建索引。

（1）使用 CREATE INDEX 语句创建索引

语法格式如下。

```
CREATE [UNIQUE|FULLTEXT|SPATIAL]
INDEX 索引名 ON 表名(字段名[(长度)][ASC|DESC]);
```

【例 6-13】 为专业(major)表的专业名称(majname)字段添加索引 midx。

```
mysql> CREATE INDEX midx ON major(majname);
Query OK, 0 rows affected (0.01 sec)
Records: 0  Duplicates: 0  Warnings: 0
```

（2）使用 ALTER TABLE 语句创建索引

使用 ALTER TABLE 语句创建索引，语法格式如下。

```
ALTER TABLE 表名 ADD [UNIQUE|FULLTEXT|SPATIAL]
INDEX 索引名(字段名[(长度)][ASC|DESC]);
```

【例 6-14】 在教师(teacher)表的教师编号(tno)和教师姓名(tname)列上创建一个名为 teaidx 的复合索引。

```
mysql> ALTER TABLE teacher ADD INDEX teaidx(tno,tname);
Query OK, 0 rows affected (0.01 sec)
Records: 0  Duplicates: 0  Warnings: 0
```

6.2.3 查看索引

使用 SHOW CREATE TABLE、SHOW INDEX 或 SHOW KEYS 等语句可以查看表中已有的索引。

1. 使用 SHOW CREATE TABLE 查看索引

SHOW CREATE TABLE 的基本语法格式如下。

```
SHOW CREATE TABLE 表名;
```

【例 6-15】 查询 teacher 表上的索引情况。

```
mysql> SHOW CREATE TABLE teacher;
+---------+-------------------------------------------------+
|Table    |CreateTable                                      |
+---------+-------------------------------------------------+
| teacher | CREATE TABLE 'teacher' (
  'tno' int NOT NULL,
  'tname' varchar(10) NOT NULL,
  'college' varchar(10) DEFAULT NULL,
  'age' int DEFAULT NULL,
  'phone' varchar(12) DEFAULT NULL,
  PRIMARY KEY ('tno'),
  KEY 'idx2' ('college', 'age' DESC),
  KEY 'teaidx' ('tno', 'tname')
) ENGINE=InnoDB DEFAULT CHARSET=utf8mb4 COLLATE=utf8mb4_0900_ai_ci |
+---------+-------------------------------------------------+
1 row in set (0.05 sec)
```

从该语句执行结果可以看出，teacher 表中已经有多个索引，其中以 KEY 开头的均是在 teacher 表上创建的索引。

2. 使用 SHOW INDEX 或 SHOW KEYS 查看索引

SHOW INDEX 或 SHOW KEYS 的基本语法格式如下。

```
SHOW INDEX FROM 表名;
SHOW KEYS FROM 表名;
```

【例 6-16】 查询 major 表上的索引情况。

```
mysql> SHOW INDEX FROM major;
```

或

```
mysql> SHOW KEYS FROM major \G;
*************************** 1. row ***************************
        Table: major
   Non_unique: 0
     Key_name: PRIMARY
 Seq_in_index: 1
  Column_name: majno
（其他信息……）
*************************** 2. row ***************************
        Table: major
   Non_unique: 0
     Key_name: majname
 Seq_in_index: 1
  Column_name: majname
（其他信息……）
*************************** 3. Row ***************************
        Table: major
   Non_unique: 1
     Key_name: midx
 Seq_in_index: 1
  Column_name: majname
（其他信息……）
3 rows in set (0.01 sec)
```

参数\G 使信息呈纵向显示。执行完上述语句可以看到 major 表上有 3 个索引，第 1 个是创建主键时自动创建的主索引（索引名为 PRIMARY），第 2 个是创建表时创建的 majname 唯一索引，第 3 个是通过 CREATE INDEX 语句创建的 midx 索引。

6.2.4 删除索引

当不需要索引时，可以使用 ALTER TABLE 或 DROP INDEX 语句删除索引，两者功能相同。

1. 使用 ALTER TABLE 删除索引

ALTER TABLE 的基本语法格式如下。

```
ALTER TABLE 表名 DROP INDEX 索引名;
```

【例 6-17】 删除 major 表中名为 midx 的索引，并查看删除该索引后的结果。

```
mysql> ALTER TABLE major DROP INDEX midx;
Query OK, 0 rows affected (0.04 sec)
Records: 0  Duplicates: 0  Warnings: 0
mysql> SHOW KEYS FROM major;
```

执行上述语句后，显示已经成功删除了索引 midx。使用 SHOW KEYS 查询 major 表的索引，结果索引 midx 已经不存在了。

2. 使用 DROP INDEX 删除索引

DROP INDEX 的基本语法格式如下。

```
DROP INDEX 索引名 ON 表名;
```

【例 6-18】删除 teacher 表中的 teaidx 复合索引。

```
mysql> DROP INDEX teaidx ON teacher;
Query OK, 0 rows affected (0.01 sec)
Records: 0  Duplicates: 0  Warnings: 0
```

上机实践

1. 创建和操作视图

① 根据 student 表，创建视图 v_stugirl，显示所有女生的学号、姓名、出生日期、奖学金。

② 创建视图 v_stu_cou_sco，显示所有学生的学号、姓名、所学的课程、成绩。

③ 查看当前数据库中的所有表和视图。

④ 查看当前数据库中的所有视图。

⑤ 查看视图 v_stu_cou_sco 的结构。

⑥ 查询视图 v_stu_cou_sco 中学习"大学英语"课程的学生的学号、姓名、成绩及任课教师。

⑦ 向视图 v_stugirl 中插入一条记录（157008，孙雨菲，女，2003–11–25，4500）。

⑧ 通过视图 v_stugirl 将"孙雨菲"的出生日期修改为 2002 年 10 月 25 日，并重新查询该视图的数据，然后查询 student 表的数据。

⑨ 通过视图 v_stugirl 删除姓名为"孙雨菲"的记录。

⑩ 修改视图 v_stugirl，只显示所有女生的学号、姓名、出生日期。

⑪ 删除视图 v_stu_cou_sco。

2. 创建和操作索引

① 在 student 表的 sname 字段上，创建一个唯一索引 I_sname。

② 在 student 表的 address 字段上，创建一个索引 I_address，要求按学号 address 字段值的前 4 个字符降序排列。

③ 在 student 表的 major 字段（降序）和 sname 字段（升序）上创建一个复合索引 I_stu。

④ 查看 student 表的全部索引。

⑤ 删除索引 I_sname、I_address 和 I_stu。

习 题

1. 选择题

（1）在 MySQL 中，用于指定一个已有数据库作为当前工作数据库的命令是哪一项？（　　）
A．USING　　　　B．USED　　　　C．USES　　　　D．USE

（2）用于创建视图的 SQL 命令是哪一项？（　　）
A．ALTER VIEW　　B．DROP VIEW　　C．CREATE TABLE　　D．CREATEVIEW

（3）以下关于视图的描述中，**不正确**的是哪一项？（　　）
A．在视图中可以保存数据
B．视图的主体通过 SELECT 查询语句定义
C．可以通过视图操作表中的数据
D．通过视图操作的数据仍然被保存在表中

（4）下面关于视图的说法中，**不正确**的是哪一项？（　　）
A．视图的基本表可以是表或视图
B．视图实质上是个逻辑表
C．创建视图必须通过 SELECT 查询语句
D．利用视图可以实现数据的永久保存

（5）建立索引的主要目的是哪一项？（　　）
A．提高安全性　　　　　　　　　B．提高查询速度
C．节省存储空间　　　　　　　　D．提高数据更新速度

（6）不能创建索引的 SQL 命令是哪一项？（　　）
A．CREATE INDEX　　　　　　　B．CREATE TABLE
C．ALTER INDEX　　　　　　　　D．ALTER TABLE

（7）能够在已有的表上建立索引的语句是哪一项？（　　）
A．ALTER TABLE　　　　　　　　C．UPDATE TABLE
B．CREATE TABLE　　　　　　　D．REINDEX TABLE

（8）**不属于** MySQL 索引类型的是哪一项？（　　）
A．唯一索引　　B．主键索引　　C．非空值索引　　D．全文索引

（9）索引可以提高哪一种操作的效率？（　　）
A．UPDATE　　　B．DELETE　　　C．INSERT　　　D．SELECT

2. 简答题

（1）什么是视图？使用视图有哪些优点？
（2）简述表和视图的关系。
（3）通过视图向基本表插入数据需要注意哪些问题？
（4）什么是索引？应用索引的优点和缺点是什么？
（5）简述 MySQL 中索引的分类。

第 7 章 学习 MySQL 编程

在 MySQL 中，程序员如果要完成较为复杂的操作，就需要利用 MySQL 的程序来实现。存储过程是一种程序，可以保证数据的完整性，提高执行重复任务的性能和数据的一致性。存储函数与存储过程类似，是由 SQL 语句和过程语句组成的代码片段，并可以被其他 SQL 语句调用。触发器是一种特殊的存储过程，可以是表定义的一部分，用于对表实施复杂的完整性约束。事件是一种定时任务机制，可以用于定时删除记录、对数据进行汇总。

本章介绍 MySQL 编程的基础知识和程序流程控制的方法；学习存储过程、存储函数、触发器以及事件的创建、管理和使用等内容。

◆ 学习目标

（1）掌握程序流程控制语句的使用。
（2）掌握存储过程、存储函数、触发器的创建和使用。
（3）了解事件的概念和应用。

◆ 知识结构

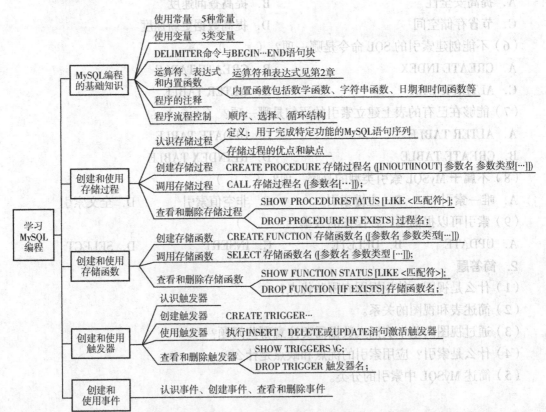

任务 7.1 MySQL 编程的基础知识

【任务描述】

MySQL 程序是通过常量、变量、表达式、MySQL 语句和流程控制语句编写而成的，MySQL 程序文件保存的扩展名一般为.sql。MySQL 程序包含顺序、选择和循环 3 种基本结构，这 3 种基本结构是通过 MySQL 的流程控制语句实现的。

本任务是介绍常量、变量、程序流程控制等编程基础知识。

7.1.1 使用常量

常量是指在程序运行过程中值不变的量，根据 MySQL 的数据类型，可以将常量分为字符串常量、数值常量、时间日期常量、布尔常量和 NULL（空值）常量。

1. 字符串常量

字符串常量分为 ASCII 字符串常量和 Unicode 字符串常量。

ASCII 字符串常量是指用单引号或双引号引起来的字符序列，每个字符用一字节存储。Unicode 字符串常量与 ASCII 字符串常量类似，但是在单引号引起来的字符串常量前面需要加上一个大写的 N，每个 Unicode 字符用两字节存储。

【例 7-1】 字符串常量的示例。

```
mysql> SELECT "How?",'HI','121002',N'Welcome';
+------+----+--------+---------+
| How? | HI | 121002 | Welcome |
+------+----+--------+---------+
| How? | HI | 121002 | Welcome |
+------+----+--------+---------+
1 row in set, 1 warning (0.00 sec)
```

2. 数值常量

数值常量通常分为整数常量和浮点数常量。整数常量就是不带小数点的十进制数，例如 2023、-5 等。浮点数常量是有小数点的数值常量，例如 2.7、8.3E5 等。

【例 7-2】 数值常量的示例。

```
mysql> SELECT 2023 AS 正数,-5 AS 负数,2.7 AS 浮点数,8.3e5 AS 科学记数;
+------+------+--------+----------+
| 正数 | 负数 | 浮点数 | 科学记数 |
+------+------+--------+----------+
| 2023 |   -5 |    2.7 |   830000 |
+------+------+--------+----------+
1 row in set (0.01 sec)
```

3. 日期时间常量

日期时间常量是用单引号或双引号引起来的字符串。日期常量按年、月、日的顺序表示，例如"2023-10-1"。时间常量包括小时、分、秒及微秒，'10:30:00.200'就是一个时间常量，"2023-10-1 10:30:00"就是一个日期时间常量。

日期时间常量的值必须符合日期标准和时间标准。

【例 7-3】 日期时间常量的示例。

```
mysql> SELECT "2023-10-1" AS 日期常量, '10:30:00.200' AS 时间常量,
    -> "2023-10-1 10:30:00" AS 日期时间常量;
+-------------+--------------+---------------------+
| 日期常量    | 时间常量     | 日期时间常量        |
+-------------+--------------+---------------------+
| 2023-10-1   | 10:30:00.200 | 2023-10-1 10:30:00  |
+-------------+--------------+---------------------+
1 row in set (0.00 sec)
```

4. 布尔常量

布尔常量只包含 TRUE 和 FALSE 两个值，TRUE 和 FALSE 的值分别是数值 1 和 0。

【例 7-4】 布尔常量的示例。

```
mysql> SELECT TRUE,FALSE;
+------+-------+
| TRUE | FALSE |
+------+-------+
|    1 |     0 |
+------+-------+
1 row in set (0.00 sec)
```

5. NULL 常量

NULL 常量适用于各种类型的字段，通常用于表示"未知""不确定"等含义，并且不同于数值类型中的"0"以及字符串类型中的空字符串。NULL 参与算术运算、比较运算以及逻辑运算时，结果仍然是 NULL。

7.1.2 使用变量

变量可以用于临时存放数据，变量中的数据随着程序的运行而变化，变量由变量名和变量值组成，类型与常量相同，但变量名不允许与函数名或命令名相同。

变量使用常规标识符命名，即以字母、下划线、@、#开头，后接字母、数字、$、下划线的字符序列，不允许嵌入空格或其他特殊字符。

MySQL 的变量分为用户变量、局部变量和系统变量 3 种类型。

1. 用户变量

用户变量也称为自定义变量，是由用户自己定义的变量。

用户变量名前需要添加"@"，用于区分字段名变量。用户变量只针对当前会话有效，可在当前会话中的任何地方使用，相当于针对本次连接的"全局变量"。

（1）赋值或更新用户变量

赋值或者更新用户变量的方法有 3 种，语法格式如下。

```
SET @变量名=变量值;
SET @变量名:=变量值;
SELECT @变量名=变量值;
```

（2）使用用户变量

使用用户变量的 MySQL 语句的语法格式如下。
```
SELECT @变量名;
```
如果将表中字段值传递给变量，语法格式如下。
```
SELECT 字段名 INTO @变量名 FROM 表名;
```
【例 7-5】 创建用户变量 ssno 和 ssname，并为用户变量赋值。
```
mysql> SET @ssno=151101,@ssname="Rose";
Query OK, 0 rows affected (0.04 sec)

mysql> SELECT @ssno,@ssname;
+--------+---------+
| @ssno  | @ssname |
+--------+---------+
| 151101 | Rose    |
+--------+---------+
1 row in set (0.00 sec)
```
【例 7-6】 将 student 表学号为 156006 的学生姓名保存到用户变量 @myname 中，查看 @myname 的值。
```
mysql> SELECT sname INTO @myname FROM student where sno=156006;
Query OK, 1 row affected (0.00 sec)

mysql> SELECT @myname;
+---------+
| @myname |
+---------+
| 陈娜    |
+---------+
1 row in set (0.00 sec)
```

2. 局部变量

局部变量的作用域仅仅在定义它的 BEGIN…END 语句块（存储过程）中有效。而且声明语句一定要放在 BEGIN…END 中的第一句。

（1）声明并初始化局部变量

声明并初始化局部变量的语法格式如下。
```
DECLARE 变量名 类型 [DEFAULT 默认值];
```
（2）为局部变量赋值

为局部变量赋值有以下 3 种语法格式。
```
SET 变量名=值;
SET 变量名:=值;
SELECT 字段 INTO 变量名 FROM 表;
```
（3）使用局部变量

使用局部变量的语法格式如下。
```
SELECT 变量名;
```

【例 7-7】 在存储过程中应用局部变量。

```
mysql> DELIMITER //
mysql> CREATE PROCEDURE p_sum100()
    -> BEGIN
    -> DECLARE n INT DEFAULT 1;
    -> DECLARE sum INT DEFAULT 0;
    -> WHILE N<=100 DO
    -> SET sum=sum+n;
    -> SET n=n+1;
    -> END WHILE;
    -> SELECT sum as "1~100之和";
    -> END//
Query OK, 0 rows affected (0.01 sec)
```

【例 7-7】在存储过程 p_sum100 中定义了局部变量。存储过程中的 DELIMITER 命令、BEGIN…END 语句块，程序中的循环控制将在后面介绍。

3. 系统变量

系统变量是指由 MySQL 数据库应用系统提供的变量，无须用户定义。大多数系统变量在应用时，需要在变量前加两个"@"，也有一些特定的系统变量不需要加两个"@"。

根据作用域的不同，系统变量可分为全局（GLOBAL）变量和会话（SESSION 或 LOCAL）变量。

（1）全局变量

全局变量面向整个数据库服务器，即所有的连接都起作用，若服务器重启则会恢复原始数据，之前所做的更改都会无效。

查看所有全局变量的语法格式如下。

```
SHOW GLOBAL VARIABLES;
```

MySQL 定义了大量的全局变量，查看满足条件的部分系统变量的语法格式如下。

```
SHOW GLOBAL VARIABLES LIKE '%匹配字符串%';
```

查看指定的系统变量的值的语法格式如下。

```
SELECT @@global.变量名;
```

为某个系统变量赋值的语法格式如下。

```
SET @@ GLOBAL.变量名=值;
SET GLOBAL.变量名=值;
```

【例 7-8】 查看并修改系统全局变量@@GLOBAL.WAIT_TIMEOUT。

```
mysql> SELECT @@GLOBAL.WAIT_TIMEOUT;
+-----------------------+
| @@GLOBAL.WAIT_TIMEOUT |
+-----------------------+
|                 28800 |
+-----------------------+
1 row in set (0.00 sec)

mysql> SET @@GLOBAL.WAIT_TIMEOUT =14400;
Query OK, 0 rows affected (0.03 sec)
mysql> SELECT @@GLOBAL.WAIT_TIMEOUT;
+-----------------------+
```

```
| @@GLOBAL.WAIT_TIMEOUT |
+-----------------------+
|                 28800 |
+-----------------------+
1 row in set (0.00 sec)
```

（2）会话变量

会话变量针对当前连接，不影响其他连接。

查看所有会话变量的语法格式如下。

```
SHOW SESSION VARIABLES;
```

查看满足条件的部分会话变量的语法格式如下。

```
SHOW SESSION VARIABLES LIKE '%匹配字符串%';
```

查看指定的会话变量的值的语法格式如下。

```
SELECT @@SESSION.变量名;
```

为某个会话变量赋值的语法格式如下。

```
SET @@ SESSION.变量名=值;
SET SESSION.变量名=值;
```

7.1.3 DELIMITER 命令与 BEGIN…END 语句块

MySQL 语句的结束标记默认为 ";"。提交一行或一段命令后，MySQL 把以 ";" 结尾的部分当成一个独立任务立即执行。

使用 MySQL 编程时，在 BEGIN…END 语句块中的 SQL 语句或存储过程中的 SQL 语句都以分号结尾，但语句块和存储过程应作为一个整体，不应被分割成多个独立任务分别执行。使用 DELIMITER 命令可以临时将语句的结束标记修改为其他符号。MySQL 只有接收到用 DELIMITER 定义的结束标记后，才把以结束标记结尾的部分作为一个任务立即执行。利用 DELIMITER 命令并结合 BEGIN…END，可以将多条语句封装成一个语句块。

1. DELIMITER 命令

DELIMITER 命令的语法格式如下。

```
DELIMITER 结束标记字符
```

说明如下。

① DELIMITER 命令后面不能加 ";"，也不能加注释和其他符号；DELIMITER 和结束符需要用空格或 Tab 键分开。

② 因为 MySQL 的默认结束符为分号，在使用 DELIMITER 命令更改结束标记后，要恢复为原来的结束标记——;。

2. BEGIN…END 语句块

BEGIN…END 语句块的语法格式如下。

```
BEGIN
    语句组;
END;
```

说明如下。

① BEGIN 命令标志语句块的开始。

② 语句组可包含1至多条有效的SQL语句，每条语句都以";"结尾，还可以包含其他BEGIN…END语句块。

③ END命令标志语句块的结束。

关于DELIMITER命令与BEGIN…END语句块的具体应用格式请参考【例7-7】。

7.1.4 运算符、表达式和内置函数

1. 运算符和表达式

使用MySQL编程离不开运算符和表达式。

运算符是MySQL执行特定算术或逻辑操作的符号，MySQL的运算符包括四大类，分别是算术运算符、比较运算符、逻辑运算符和位运算符。常量、变量与运算符的组合构成了表达式，MySQL的运算符、表达式的内容详见2.4节。

2. 内置函数

MySQL提供丰富的内置函数。内置函数不仅可以在SELECT语句中使用，而且可以在INSERT语句、UPDATE语句、DELETE语句中使用。

在设计MySQL程序时，调用内置函数能使用户更方便地对表中的数据进行操作。MySQL能用较少的代码结合内置函数完成复杂的操作，这是MySQL流行的一个重要原因。

MySQL的内置函数可分为数学函数、字符串函数、日期和时间函数、聚合函数、加密函数、控制流程函数、格式化函数、类型转换函数、系统信息函数等。下面介绍部分常用的函数，更多的函数请参考MySQL帮助文档。

（1）数学函数

数学函数用于对数值表达式进行数学运算并返回运算结果，MySQL部分常用的数学函数见表7.1。

表7.1 MySQL部分常用的数学函数

函数名	功能说明	示例
RAND()	返回0~1的随机浮点数	SELECT RAND();
SQRT(x)	返回参数x的平方根	SELECT SQRT(8), SQRT(2.2);
ABS(x)	返回参数x的绝对值	SELECT ABS (3.32), ABS (−33.2);
FLOOR(x)	返回小于等于参数x的最大整数值	SELECT FLOOR(−2.6), FLOOR(3.8);
CEILING(x)	返回大于等于参数的最小整数值	SELECT CEILING (−2.6), CEILING (3.8);
TRUNCATE(x)	将参数x截取到指定的小数位数	SELECT TRUNCATE(3.556, 2);
ROUND(x)	用于返回参数四舍五入后的整数值	SELECT ROUND(3.556,2);

【例7-9】 数学函数的应用。

```
mysql> SELECT RAND(),RAND(),RAND();
+--------------------+---------------------+--------------------+
| RAND()             | RAND()              | RAND()             |
+--------------------+---------------------+--------------------+
| 0.3917414195758676 | 0.02039096506348901 | 0.9267305973234872 |
+--------------------+---------------------+--------------------+
```

```
1 row in set (0.00 sec)

mysql> SELECT SQRT(8), SQRT(2.2);
+--------------------+--------------------+
| SQRT(8)            | SQRT(2.2)          |
+--------------------+--------------------+
| 2.8284271247461903 | 1.4832396974191326 |
+--------------------+--------------------+
1 row in set (0.00 sec)

mysql> SELECT ABS (3.32), ABS (-33.2);
+------------+-------------+
| ABS (3.32) | ABS (-33.2) |
+------------+-------------+
|       3.32 |        33.2 |
+------------+-------------+
1 row in set (0.00 sec)

mysql> SELECT FLOOR(-2.6), FLOOR(3.8);
+-------------+------------+
| FLOOR(-2.6) | FLOOR(3.8) |
+-------------+------------+
|          -3 |          3 |
+-------------+------------+
1 row in set (0.01 sec)

mysql> SELECT CEILING (-2.6), CEILING (3.8);
+----------------+---------------+
| CEILING (-2.6) | CEILING (3.8) |
+----------------+---------------+
|             -2 |             4 |
+----------------+---------------+
1 row in set (0.00 sec)

mysql> SELECT TRUNCATE(3.556, 2),ROUND(3.556,2);
+--------------------+----------------+
| TRUNCATE(3.556, 2) | ROUND(3.556,2) |
+--------------------+----------------+
|               3.55 |           3.56 |
+--------------------+----------------+
1 row in set (0.00 sec)
```

（2）字符串函数

字符串函数用于完成字符串转换、截取、替换等操作，表 7.2 展示了一些常用的字符串函数。

表 7.2 常用的字符串函数

函数名	功能说明	示例
ASCII(s)	返回字符表达式 s 最左端字符的 ASCII 码值	SELECT ASCII('MySQL');
CHAR (x)	将 ASCII 码值 x 转换成 ASCII 字符	SELECT CHAR(77); CHAR(77 using utf8mb4);
LEFT(s,n)	返回字符串 s 左侧开始的 n 个字符	SELECT LEFT('MySQL',2);
RIGHT(s,n)	返回字符串 s 右侧开始的 n 个字符	SELECT RIGHT('MySQL', 3);
LENGTH()	返回参数的字节长度，返回值为整数	SELECT LENGTH('MySQL');
CHAR_LENGTH()	返回参数的字符长度，返回值为整数	SELECT CHAR_LENGTH('MySQL');
REPLACE(s1,s2,s3)	用 s3 字符串替换 s1 字符串中所包含的 s2 字符串，并返回替换后的字符串	SELECT REPLACE("hi,SQL",'hi','hello');

【例 7-10】 字符串函数的应用。

```
mysql> SELECT ASCII('MySQL');
+----------------+
| ASCII('MySQL') |
+----------------+
|             77 |
+----------------+
1 row in set (0.00 sec)

mysql> SELECT CHAR(77),CHAR(77 using utf8mb4);
+------------------+------------------------+
| CHAR(77)         | CHAR(77 using utf8mb4) |
+------------------+------------------------+
| 0x4D             | M                      |
+------------------+------------------------+
1 row in set (0.00 sec)

mysql> SELECT LEFT('MySQL',2),RIGHT('MySQL',3);
+-----------------+------------------+
| LEFT('MySQL',2) | RIGHT('MySQL',3) |
+-----------------+------------------+
| My              | SQL              |
+-----------------+------------------+
1 row in set (0.00 sec)

mysql> SELECT LENGTH('MySQL'),CHAR_LENGTH('MySQL');
+-----------------+----------------------+
| LENGTH('MySQL') | CHAR_LENGTH('MySQL') |
+-----------------+----------------------+
|               5 |                    5 |
+-----------------+----------------------+
1 row in set (0.00 sec)
mysql> SELECT LENGTH('字符串'),CHAR_LENGTH('字符串');
```

```
+------------------------+---------------------------+
| LENGTH('字符串')       | CHAR_LENGTH('字符串')     |
+------------------------+---------------------------+
|           9            |             3             |
+------------------------+---------------------------+
1 row in set (0.00 sec)

mysql> SELECT REPLACE("hi,SQL",'hi','hello');
+--------------------------------+
| REPLACE("hi,SQL",'hi','hello') |
+--------------------------------+
| hello,SQL                      |
+--------------------------------+
1 row in set (0.00 sec)
```

（3）日期和时间函数

日期和时间函数用于处理数据表中的日期和时间数据，表 7.3 展示了一些常用的日期和时间函数。

表 7.3 常用的日期和时间函数

函数名	功能说明	示例
CURDATE() 或 CURRENT_DATE()	返回当前日期	SELECT CURDATE(), CURRENT_DATE();
CURTIME() 或 CURRENT_TIME()	返回当前时间	SELECT CURTIME(),CURRENT_TIME();
NOW()	返回当前日期和时间	SELECT NOW();
YEAR(date)	返回日期型参数 date 的年份	SELECT YEAR(CURDATE());
MONTH(date)	返回日期型参数 date 的月份	SELECT MONTH(CURDATE());
WEEKDAY(date)	返回日期型参数 date 是星期几，0 表示星期一	SELECT WEEKDAY(CURDATE());

【例 7-11】 日期和时间函数的应用。

```
mysql> SELECT CURDATE(),CURRENT_DATE(),CURTIME();
+------------+----------------+-----------+
| CURDATE()  | CURRENT_DATE() | CURTIME() |
+------------+----------------+-----------+
| 2023-10-09 | 2023-10-09     | 12:10:10  |
+------------+----------------+-----------+
1 row in set (0.00 sec)

mysql> SELECT NOW(),YEAR(CURDATE()),MONTH(CURDATE());
+---------------------+-----------------+------------------+
| NOW()               | YEAR(CURDATE()) | MONTH(CURDATE()) |
+---------------------+-----------------+------------------+
| 2023-10-09 12:10:10 |            2023 |               10 |
+---------------------+-----------------+------------------+
1 row in set (0.01 sec)
```

```
mysql> SELECT WEEKDAY(CURDATE());
+--------------------+
| WEEKDAY(CURDATE()) |
+--------------------+
|                  0 |
+--------------------+
1 row in set (0.00 sec)
```

7.1.5 程序的注释

注释用于在程序代码中添加解释。注释的作用一是对程序代码的功能实现方式进行简要的说明，方便将来进行程序代码维护；二是为程序中的一些调试语句加注释，使其暂时不被执行，等需要这些语句时，再将它们恢复。MySQL 包括 3 类注释。

（1）使用"#"

"#"用于单行注释，该符号到行尾的内容都为注释，可以用在行首或行末。例如下面的注释代码。

```
#单行注释
SELECT * FROM s;  #读出学生表 s 中的所有记录信息
```

（2）使用"--"

"--"用于单行注释，该符号到行尾的内容都为注释，可以用在行首或行末。但区别于"#"，"--"字符后一定要加一个空格，例如，下面代码中第一行和第二行的末尾是注释。

```
-- 这是一行注释
USE teaching; -- 打开数据库
```

（3）使用"/*…*/"的多行注释

"/*"用于注释文字的开头，"*/"用于注释文字的结尾，二者之间的内容都是注释，可在程序中标识多行文字注释。例如下面的代码。

```
/*多行注释开始
注释主体
注释结束*/
DELIMITER $$
CREATE FUNCTION fun_h3()
（其余代码……）
```

7.1.6 程序流程控制

流程控制语句是用于控制程序执行顺序的语句。对程序流程进行组织和控制，可以实现特定的业务逻辑，满足程序设计的需要。流程控制语句只在存储程序中使用。在 MySQL 中用 IF 和 CASE 语句实现选择控制，用 WHILE、LOOP、REPEAT 等语句进行循环迭代，用 ITERATE 和 LEAVE 语句在循环中实现流程转移。

流程控制包括 3 种结构，分别是顺序结构、选择结构和循环结构。

1. 顺序结构

顺序结构是指按照顺序从上到下依次执行程序语句的结构。在有些时候，为了实现特定功能，需要将多条语句或表达式组合在一起，这时可以使用 BEGIN…END 语句块。

在 MySQL 中，单独使用 BEGIN…END 语句块没有任何意义，需要将 BEGIN…END 封装到存储过程、函数、触发器以及事件等存储程序内部使用。

2. 选择结构

（1）IF 语句

IF 语句用于进行条件判断，根据不同的条件执行不同的操作，语法格式如下。

```
IF 条件 THEN 语句块
  [ELSE IF 条件 THEN 语句块]
  …
  [ELSE 语句块]
END IF
```

在执行 IF 语句时，首先判断 IF 后的条件是否为 TRUE，如果为 TRUE 则执行 THEN 后的语句；如果为 FALSE 则继续判断 ELSE IF 分支；当以上条件都不满足时执行 ELSE 后面的语句块。

（2）CASE 语句

CASE 语句为多分支结构，该语句首先从 WHEN 后面的 when_value 中查找与 CASE 后的 case_value 相等的值，如果找到则执行该分支的内容，否则执行 ELSE 后的内容。CASE 语句的语法格式如下。

```
CASE case_value
    WHEN when_value THEN 语句块
    [WHEN when_value THEN 语句块]
    [ELSE 语句块]
END CASE
```

其中，case_value 表示条件判断的变量，when_value 表示变量的取值。

CASE 语句的另一种语法结构如下。

```
CASE
    WHEN VALUE THEN 语句
    [WHEN VALUE THEN 语句]
    [ELSE…]
END CASE
```

3. 循环结构

（1）WHILE 循环语句

WHILE 循环语句的语法格式如下。

```
WHILE 条件 DO
    语句块（循环体）
END WHILE;
```

在执行 WHILE 循环语句时首先判断条件是否为 TRUE，如果为 TRUE 则执行循环体，否则退出循环。

（2）LOOP 循环语句

LOOP 循环语句的语法格式如下。

```
LOOP
    语句块（循环体）
END LOOP
```

LOOP 允许某特定语句或语句块重复执行，实现一个简单的循环构造，循环体是需要重复执行的语句。一直重复在循环内的语句，直到循环被退出，退出循环可以通过 LEAVE 语句实现。LEAVE 语句经常和 BEGIN…END 或循环体一起使用，其语法结构如下。

LEAVE 标签

标签是语句中标注的名字，这个名字是用户自定义的，加上 LEAVE 关键字就可以退出被标注的循环语句。

（3）REPEAT 循环语句

REPEAT 循环语句的语法格式如下。

```
REPEAT
    语句块（循环体）
    UNTIL 条件
END REPEAT
```

REPEAT 循环语句是先执行一次循环体，再判断条件是否为 TRUE，如果为 TRUE 则退出循环，否则继续执行循环。

任务 7.2　创建和使用存储过程

【任务描述】

在 MySQL 数据库中，使用存储过程可以提高执行重复任务的性能和保证数据的完整性。本任务介绍创建、调用、查看和删除存储过程的方法。

7.2.1　认识存储过程

存储过程是一组用于完成特定功能的 MySQL 语句序列。存储过程将语句组织起来由 MySQL 服务器来执行，应用程序只需调用该语句就可以实现具体的任务。存储过程可以通过用户、其他存储过程或触发器来调用执行。

存储过程主要应用于控制访问权限，追踪数据库表的活动，将应用程序与数据定义、操纵分离等。

1. 存储过程的优点

（1）减少网络流量

存储过程一般被存储在数据库服务器上，应用程序使用存储过程时不需要发送 SQL 语句，而只需要发送存储过程的名称和参数，有助于减少应用程序和数据库服务器之间的网络流量。

（2）提升执行速度

MySQL 的存储过程是预编译的，编译好的存储过程被放在缓存中。如果多次重复调用某个存储过程，则会使用缓存中的预编译版本。

（3）减少连接数据库的次数

对于比较复杂的数据操作（例如表的查询、增加、删除以及更新）：如果通过前端应用程序来实现，需要编写很多条 SQL 语句，可能需要多次连接数据库；如果使用存储过程，只需要应用程序连接一次数据库。

（4）安全性高

数据库管理员可以对访问存储过程的应用程序授予权限，而不提供基本表的访问权限，在一定程度上提升了数据库系统的安全性。

（5）高复用性

存储过程是被封装的一个特定的功能块，对于任何应用程序都是可复用和透明的，因此，对于已有的存储过程，只需要向应用程序提供调用接口，应用程序的开发人员就不必重新编写已支持的功能。而数据库管理员可以随时对存储过程的实现源码进行调整，对应用程序本身没有任何影响。

2. 存储过程的缺点

存储过程存在可移植性差的缺点。存储过程被绑定在特定数据库上，因此如果需要更换其他厂商的数据库（如将 MySQL 数据库更换为 Oracle 数据库），需要重新实现已有的存储过程。

在实际应用开发中，要根据业务需求决定是否使用存储过程。对于应用中特别复杂的数据处理，如复杂的报表统计，涉及多条件多表的联合查询等，可以采用存储过程来实现。

7.2.2 创建存储过程

创建存储过程可以使用 CREATE PROCEDURE 语句，语法格式如下。

```
CREATE PROCEDURE 存储过程名 ([[IN|OUT|INOUT] 参数名 参数类型[…]])
    存储过程体
```

说明如下。

① CREATE PROCEDURE 是创建存储过程的关键词。

② 存储过程名是存储过程的名称，当需要在特定的数据库中创建存储过程时，需要在存储过程名称前加上数据库的名称，格式为"数据库名.过程名"。

③ IN|OUT|INOUT 用于说明存储过程的 3 种参数类型，即输入参数、输出参数和输入输出参数，默认类型是 IN（输入）参数。存储过程也可以不加参数，但是过程名后面的括号不可以省略。

④ 参数名和参数类型，分别指明向存储过程传递的参数名称和参数类型。

⑤ 在定义存储过程体时，需要标识 BEGIN（开始）和 END（结束）。

【例 7-12】 创建无参数存储过程 proc_stu，在数据库 mydata 的 student 表中查询地址在北京的学生的学号、姓名、出生日期和奖学金等信息。

```
mysql> USE mydata;
mysql> DELIMITER //
mysql> CREATE PROCEDURE proc_stu()
    -> BEGIN
    -> SELECT sno,sname,birthday,award FROM student WHERE address LIKE "%北京%";
    -> END //

mysql> DELIMITER ;;
```

调用存储过程使用 CALL 语句（将在 7.2.3 小节介绍），下面的代码调用了存储过程。

```
mysql> CALL proc_stu();
+--------+--------+------------+---------+
| sno    | sname  | birthday   | award   |
+--------+--------+------------+---------+
| 156004 | 丁美华 | 2005-03-17 | 3200.00 |
| 341004 | 王文新 | 2004-04-23 | 3100.00 |
+--------+--------+------------+---------+
2 rows in set (0.15 sec)
Query OK, 0 rows affected (0.01 sec)
```

【例 7-13】 创建带有 IN 类型参数的存储过程 proc_avg_score，输入课程号后，计算该课程的平均成绩。

```
mysql> USE mydata;
mysql> DELIMITER //
mysql> CREATE PROCEDURE proc_avg_score(IN c_no VARCHAR(4))
    -> BEGIN
    -> SELECT cno,avg(result) FROM score WHERE cno=c_no GROUP BY cno;
    -> END//
mysql> DELIMITER ;
```

使用 CALL 语句调用存储过程 proc_avg_score，并向其传递输入参数 C402，执行结果如下。

```
mysql> CALL proc_avg_score("C402");
+------+-------------+
| cno  | avg(result) |
+------+-------------+
| C402 |    68.25000 |
+------+-------------+
1 row in set (0.00 sec)
Query OK, 0 rows affected (0.00 sec)
```

【例 7-14】 创建带有 OUT 类型参数的存储过程 proc_sum_score，输出学号为"341002"的学生的总分数。

```
mysql> USE mydata;
mysql> DELIMITER //
mysql> CREATE PROCEDURE proc_sum_score(OUT sum_result INT)
    -> BEGIN
    -> SELECT sum(result) INTO sum_result FROM score WHERE sno="341002";
    -> END //
mysql> DELIMITER ;
```

调用存储过程 proc_sum_score，将变量@value 作为输出参数，输出@value 值，执行结果如下。

```
mysql> CALL proc_sum_score(@value);
Query OK, 1 row affected (0.00 sec)

mysql> SELECT @value;
+--------+
| @value |
+--------+
|    116 |
```

```
+--------+
1 row in set (0.00 sec)
```

【例 7-15】 创建带有 IN 和 OUT 参数的存储过程 proc_count,输入参数为学号,查看该学生的成绩高于 70 分的科目数。如果超过两科,则输出 "Very Good!",并输出该学生的成绩单,否则输出 "Come On!"。

```
mysql> USE mydata;
mysql> DELIMITER //
mysql> CREATE PROCEDURE proc_count(IN s_no INT(8),OUT str CHAR(12))
    -> BEGIN
    -> DECLARE aa TINYINT DEFAULT 0;
    -> SELECT COUNT(*) INTO aa FROM score
    -> WHERE sno= s_no AND result>70;
    -> IF aa>=2 THEN
    ->   BEGIN
    ->     SET str="Very Good!";
    ->     SELECT * FROM score WHERE sno=s_no;
    ->   END;
    -> ELSEIF aa<2 THEN
    ->   SET str="Come On!";
    -> END IF;
    -> END//
mysql> DELIMITER ;
```

调用存储过程 proc_count,向其传递输入参数 156004,将 @msg 作为输出参数,输出 @msg 的值,执行结果如下。

```
mysql> CALL proc_count(156004,@msg);
+--------+------+--------+
| sno    | cno  | result |
+--------+------+--------+
| 156004 | C402 | 85.0   |
| 156004 | C531 | 92.0   |
+--------+------+--------+
2 rows in set (0.00 sec)
Query OK, 0 rows affected (0.00 sec)

mysql> SELECT @msg;
+------------+
| @msg       |
+------------+
| Very Good! |
+------------+
1 row in set (0.00 sec)
```

7.2.3 调用存储过程

存储过程没有返回值,因此不能使用 SELECT 语句调用,它有一个专门的调用关键字 CALL。调用存储过程的基本语法格式如下。

```
CALL 存储过程名([参数名[,…]]);
CALL 存储过程名[()];
```
说明：调用存储过程时，CALL 关键字后接存储过程名，并在括号内提供具体的参数值。调用存储过程时，需按照存储过程定义与之匹配的参数。如果存储过程没有参数，调用时，存储过程名后的括号可以省略。CALL 语句也可以出现在存储过程主体中，也就是说，在存储过程中可以调用另一个存储过程。

【例 7-16】 分别调用【例 7-12】、【例 7-13】、【例 7-14】和【例 7-15】的存储过程。

```
mysql> CALL proc_stu();
mysql> CALL proc_avg_score("C402");
mysql> CALL proc_sum_score(@value);
mysql> CALL proc_count("156004",@msg);
```
存储过程的执行结果请参考前面的示例。

7.2.4 查看和删除存储过程

查看存储过程可以使用 SHOW PROCEDURE STATUS 语句，语法格式如下，该语句通常和 LIKE 运算符结合使用。

```
SHOW PROCEDURE STATUS [LIKE <匹配符> ];
```

删除存储过程可以使用 DROP 语句，语法格式如下。

```
DROP PROCEDURE [IF EXISTS] 过程名;
```

【例 7-17】 显示名称以 proc 开头的存储过程，并删除存储过程 proc_stu 和 proc_sum_score。

```
mysql> SHOW PROCEDURE STATUS LIKE "proc%";
+--------+----------------+-----------+----------------+------
| Db     | Name           | Type      | Definer        |……
+--------+----------------+-----------+----------------+------
| mydata | proc_avg_score | PROCEDURE | root@localhost |……
| mydata | proc_count     | PROCEDURE | root@localhost |……
| mydata | proc_stu       | PROCEDURE | root@localhost |……
| mydata | proc_sum_score | PROCEDURE | root@localhost |……
+--------+----------------+-----------+----------------+------
4 rows in set (0.00 sec)

mysql> DROP PROCEDURE proc_stu;
Query OK, 0 rows affected (0.00 sec)

mysql> DROP PROCEDURE proc_sum_score;
Query OK, 0 rows affected (0.01 sec)
```

任务 7.3 创建和使用存储函数

【任务描述】

在 MySQL 数据库中，还可以使用存储函数提高执行重复任务的性能和保证数据的一致性。

本任务是让读者学习创建、调用、查看和删除存储函数的方法。

7.3.1 创建存储函数

使用 CREATE FUNCTION 语句创建存储函数，其语法格式如下。

```
CREATE FUNCTION 存储函数名([参数名 参数类型[…]])
    RETUENS 返回值类型
    存储函数体
```

说明如下。

① 存储函数名需要符合 MySQL 对象的命名规范。被命名的存储函数会被保存在默认的数据库中。也可以以"数据库名.函数名"的形式直接在指定的数据库中创建指定名称的存储函数。不能将 MySQL 已有系统函数的名称作为存储函数名。

② 存储函数的参数列表与存储过程的参数列表的定义形式和规则基本类似，但不能像存储过程那样指定参数的模式。换句话说，存储函数的参数都是 IN 类型的，参数值由调用者单向传递给存储函数。

③ RETURNS 语句是必需的，用于说明存储函数返回值的数据类型。在存储函数体中使用 RETURNS 语句返回值。需要指出，存储过程不允许使用 RETURNS 语句返回值。

④ 存储函数体是一组有效的 SQL 语句，是构成函数的主体。RETURN 语句一定要出现在函数的主体中，如果函数的主体只有一条语句，那么必然是 RETRUN 语句。存储函数的主体一般是复合语句，其中包含 RETURN 语句。如果 RETURN 语句中返回值的类型和 RETURNS 语句声明的类型不同，则返回值会被转换为 RETURNS 语句声明的类型。此外，要调用已经创建的存储函数，不可以像调用存储过程那样使用 CALL 语句，直接在表达式中使用存储函数名带参数的形式即可，就如同调用 MySQL 的内置函数一样。存储函数的计算结果就是存储函数的返回值。

【例 7-18】 创建一个名为 fun_hello 的存储函数，该函数无输入参数，返回重复的字符串'Hello,SQL!'。

```
mysql> DELIMITER $$
mysql> CREATE FUNCTION fun_hello()
    -> RETURNS CHAR(20)
    -> DETERMINISTIC
    -> BEGIN
    -> DECLARE message CHAR(20);
    -> SET message = 'Hello,SQL!';
    -> RETURN CONCAT(message,message);
    -> END$$
mysql> DELIMITER ;
```

调用函数的代码如下。

```
mysql> SELECT fun_hello();
+---------------------+
| fun_hello()         |
+---------------------+
| Hello,SQL!Hello,SQL!|
+---------------------+
```

```
1 row in set (0.00 sec)
```

函数定义中的 DETERMINISTIC 是一个函数属性,表示函数是否可预测,并且对于给定的输入参数,是否总是返回相同的结果。

【例 7-19】 创建一个名为 fun_student 的存储函数,查询并返回指定学号的学生姓名。

```
mysql> DELIMITER $$
mysql> CREATE FUNCTION fun_student(id Int(8))
    -> RETURNS VARCHAR(40)
    -> DETERMINISTIC
    -> BEGIN
    -> RETURN(SELECT sname FROM student WHERE student.sno=id);
    -> END$$
mysql> DELIMITER ;
```

调用函数的代码如下。

```
mysql> SELECT fun_student(156004);
+---------------------+
| fun_student(156004) |
+---------------------+
| 丁美华              |
+---------------------+
1 row in set (0.01 sec)
```

7.3.2 调用存储函数

在 MySQL 中,可以在查询中直接调用存储函数,调用函数的语法如下。

```
SELECT 存储函数名([参数名 参数类型[…]]);
```

【例 7-20】 分别调用【例 7-18】和【例 7-19】的存储函数。

```
mysql> SELECT fun_hello();
mysql> SELECT fun_student(156004);
```

运行结果请参考【例 7-18】和【例 7-19】。

7.3.3 查看和删除存储函数

查看存储函数可以使用 SHOW FUNCTION STATUS 语句,该语句通常和 LIKE 运算符结合使用,语法格式如下。

```
SHOW FUNCTION STATUS [LIKE <匹配符> ];
```

删除存储函数可以使用 DROP 语句,语法格式如下。

```
DROP FUNCTION 存储函数名;
```

【例 7-21】 显示名称以 fun 开头的存储过程,并删除存储函数 fun_hello。

```
mysql> SHOW FUNCTION STATUS LIKE "fun%";
+---------+------------+----------+----------------+------
| Db      | Name       | Type     | Definer        |……
+---------+------------+----------+----------------+------
| mydata  | fun_hello  | FUNCTION | root@localhost |……
```

```
| mydata    | fun_student     | FUNCTION    | root@localhost  | ……
+-----------+-----------------+-------------+-----------------+------
2 rows in set (0.02 sec)
mysql> DROP FUNCTION fun_hello;
Query OK, 0 rows affected (0.00 sec)
```

任务 7.4 创建和使用触发器

【任务描述】

触发器可以用于对表实施复杂的完整性约束，当预定义的事件发生时，触发器被自动激活，可以防止对数据进行不正确的修改。

本任务是让读者学习创建、使用、查看和删除触发器的方法。

7.4.1 认识触发器

触发器是一种特殊的存储过程，可以是表定义的一部分。触发器基于一个表创建，但可以对多个表进行操作，只要满足一定的条件，对数据进行 INSERT、UPDATE 和 DELETE 操作时，数据库就会自动执行触发器中定义的程序语句，从而维护数据完整性或执行其他一些特殊的任务。

触发器可以分为 INSERT、UPDATE 和 DELETE 这 3 类，每一类根据执行的先后顺序又可以分成 BEFORE 和 AFTER 触发器。使用触发器的优点如下。

① 触发器自动执行，在表的数据做了任何修改（例如输入数据或者删除数据）后都可以被激活。

② 触发器可以关联修改数据库中的相关表，比直接使用 SQL 代码修改关联表更安全、合理。

③ 触发器实现的表的数据约束功能比 CHECK 约束更复杂。与 CHECK 约束不同，触发器可以访问其他表中的字段。

7.4.2 创建触发器

在 MySQL 中，创建触发器的语法格式如下。

```
CREATE TRIGGER 触发器名 触发时间 触发事件
    ON 表名 FOR EACH ROW
    触发器语句体
```

说明如下。

① CREATE TRIGGER 是创建触发器的关键字。

② 触发时间的取值为 BEFORE 或 AFTER，表示触发器的执行时间。

③ 触发事件指明激活触发器的事件类型，主要包括 INSERT、UPDATE、DELETE 这 3 类。

④ ON 是关键词；表名是创建触发器的表名，是触发器的宿主。

⑤ FOR EACH ROW 表示行级触发器，MySQL 只支持行级触发器。

⑥ 触发器语句体定义了触发器具体执行的操作。

在 MySQL 中，触发器针对基本表，而不是临时表。需要注意的是，对于同一个表，不能有两个相同时间和事件的触发器,即同一个表下,不能有两个 BEFORE INSERT 类型的触发器,但可以有 1 个 BEFORE INSERT 和 1 个 AFTER INSERT 触发器,或者有 1 个 BEFORE INSERT 和 1 个 BEFORE UPDATE 触发器。

本节使用 logtab 表作为触发器执行后的测试表。logtab 表结构见表 7.4。

表 7.4 logtab 表结构

字段名	中文含义	数据类型
id	id 序列	INT
oname	数据名称	VARCHAR(20)
otime	操作时间	VARCHAR(30)

创建表的代码如下。

```
mysql> USE mydata;
mysql> CREATE TABLE logtab(oid INT AUTO_INCREMENT PRIMARY KEY,
    -> oname VARCHAR(20),otime VARCHAR(20));
```

【例 7-22】 创建 BEFORE INSERT 类型触发器 bef_ins_tri,当在 student 表中插入数据时,可以激发触发器,并为 logtab 表插入一条指定数据。

(1) 创建触发器

```
mysql> USE mydata;
mysql> DELIMITER //
mysql> CREATE TRIGGER bef_ins_tri
    -> BEFORE INSERT ON student
    -> FOR EACH ROW
    -> BEGIN
    -> INSERT INTO logtab(oname, otime)VALUES("test",sysdate());
    -> END//
mysql> DELIMITER ;
```

(2) 验证触发器

验证触发器 bef_ins_tri 的功能,向 student 表插入一条记录。

```
mysql> INSERT INTO student VALUES(111,"Rose","女","2003-1-1","",1000,"Italian");
Query OK, 1 row affected (0.00 sec)

mysql> SELECT * FROM logtab;
+-----+-------+---------------------+
| oid | oname | otime               |
+-----+-------+---------------------+
|   1 | test  | 2023-10-11 09:13:43 |
+-----+-------+---------------------+
1 row in set (0.00 sec)
```

可以看出,在向 student 表插入记录时,同步触发了向 logtab 表插入一条记录。

【例 7-23】 创建 AFTER INSERT 类型触发器 aft_ins_tri,当在 student 表中插入记录时,可以激发触发器,并为 logtab 表插入一条记录。该类触发器将在插入记录以后被激发。

```
mysql> DELIMITER //
mysql> CREATE TRIGGER aft_ins_tri
```

```
    -> AFTER INSERT ON student
    -> FOR EACH ROW
    -> BEGIN
    -> INSERT INTO logtab(oname,otime)VALUES(NEW.sname,sysdate());
    -> END //
mysql> DELIMITER ;
```

验证触发器 aft_ins_tri 的功能，向 student 表插入一条记录，实际上，也会同步验证触发器 bef_ins_tri 的功能。

```
mysql> INSERT INTO student VALUES(222,"Mike","男","2004-1-1","",2000,"Italian");
Query OK, 1 row affected (0.00 sec)
mysql> SELECT * FROM logtab;
+-----+-------+---------------------+
| oid | oname | otime               |
+-----+-------+---------------------+
|  1  | test  | 2023-10-11 09:13:43 |
|  2  | test  | 2023-10-11 09:18:27 |
|  3  | Mike  | 2023-10-11 09:18:27 |
+-----+-------+---------------------+
3 rows in set (0.00 sec)
```

logtab 表的第 2 条和第 3 条记录是执行 INSERT 语句的触发结果，实际上，插入 1 条记录，2 个触发器 bef_ins_tri 和 aft_ins_tri 分别被触发。第 3 条记录中的"Mike"来自自动存在的名称为 NEW 的虚拟表中的 sname 字段的值，NEW 表保存的是插入数据的视图。

【例 7-24】 创建 AFTER DELETE 类型触发器 aft_del_tri，当在 student 表中删除数据时，可以激发触发器，并在 logtab 表中保存删除的数据。该类触发器将在删除数据以后被激发。

```
mysql> DELIMITER //
mysql> CREATE TRIGGER aft_del_tri
    -> AFTER DELETE ON student
    -> FOR EACH ROW
    -> BEGIN
    -> INSERT INTO logtab(oname,otime)VALUES(OLD.sname,sysdate());
    -> END//
Query OK, 0 rows affected (0.01 sec)
mysql> DELIMITER ;
```

aft_del_tri 触发器的执行将在下一小节介绍。

7.4.3 使用触发器

触发器与表相关，当对表执行 INSERT、DELETE 或 UPDATE 语句时，将激活触发器。可以将触发器设置为在执行语句之前或之后激活。例如可以在从表中删除每一行之前或在更新每一行之后激活触发程序。

【例 7-25】 使用【例 7-24】的触发器 aft_del_tri。

```
mysql> DELETE FROM student WHERE address="italian";
Query OK, 2 rows affected (0.01 sec)
```

```
mysql> SELECT * FROM logtab;
+-----+-------+---------------------+
| oid | oname | otime               |
+-----+-------+---------------------+
|   1 | test  | 2023-10-11 09:13:43 |
|   2 | test  | 2023-10-11 09:18:27 |
|   3 | Mike  | 2023-10-11 09:18:27 |
|   4 | Rose  | 2023-10-11 09:30:43 |
|   5 | Mike  | 2023-10-11 09:30:43 |
+-----+-------+---------------------+
5 rows in set (0.00 sec)
```

logtab 表的第 4 条和第 5 条记录是执行 DELETE 语句（该语句用于删除 2 条记录）的触发结果。这两条记录引用了自动存在的名为 OLD 的虚拟表中的 sname 字段的值，OLD 表保存的是删除数据的视图。

7.4.4 查看和删除触发器

查看触发器可以使用 SHOW TRIGGERS 语句，语法格式如下，该语句通常和 LIKE 运算符结合使用。

```
SHOW TRIGGERS \G;
```

由于触发器信息较多，因此使用\G 参数使信息呈纵向显示。

删除存储函数可以使用 DROP 语句，语法格式如下。

```
DROP TRIGGER 触发器名;
```

【例 7-26】 查看数据库中的触发器，并删除触发器 aft_ins_tri。

```
mysql> SHOW TRIGGERS \G;
*************************** 1. row ***************************
             Trigger: bef_ins_tri
               Event: INSERT
               Table: student
           Statement: BEGIN
INSERT INTO logtab(oname,otime)VALUES("test",sysdate());
END
              Timing: BEFORE
……（更多信息，略）

mysql> DROP TRIGGER aft_ins_tri;
Query OK, 0 rows affected (0.01 sec)
```

任务 7.5　创建和使用事件

【任务描述】

MySQL 中的事件是一种定时任务机制，可以用于定时执行删除记录、对数据进行汇总等特定任务，以此取代原来只能由操作系统的计划任务来执行的工作。

本任务是介绍创建和使用事件的方法。

7.5.1 认识事件

1. 事件调度器

MySQL 中的事件也称为调度事件，是指在 MySQL 事件调度器的调度下，在特定的时刻执行的任务。事件调度器是核心，其功能是基于任务的配置信息准时地启动待执行的任务，可以被看作 MySQL 事件机制的引擎。

MySQL 提供了事件调度器的简化操控手段，MySQL 用全局系统变量@@event_scheduler 来代表事件调度器。@@event_scheduler 有 3 个允许的取值——OFF、ON 和 DISABLED。默认值 OFF 表示事件调度器处于停止状态，ON 和 DISABLED 分别表示启动状态和被禁用状态。

使用语句"SHOW VARIABLES LIKE 'event_scheduler';"能够了解变量的当前状态值。该全局变量的值不仅可以读，还可以用 SET 语句设置，或在 MySQL 服务器启动时配置。

如果想要禁用事件调度器，可以在服务器配置文件 my.ini 中的[mysqld]节中添加代码"event_scheduler=DISABLED"。需要注意的是，如果 MySQL 服务器在启动时事件调度器被禁用，则在运行中无法启动或关闭事件调度器。也就是说，如果要在 MySQL 服务器运行期间启动或关闭事件调度器，不应该在启动时使用"event_scheduler=DISABLED"配置。

如果 MySQL 服务器在启动时事件调度器未被禁用，则可以在 MySQL 服务器运行期间启动或关闭事件调度器。设置命令如下，其中的 ON 也可以替换为 1，OFF 也可以替换为 0。

```
SET GLOBAL event_scheduler=ON;
SET GLOBAL event_scheduler=OFF;
```

2. 事件

事件是一种存储程序，属于指定的数据库。事件是在数据库中创建的，并且在数据库范围内被合理命名（避免重名）。事件有主体语句，也就是事件被调度时要执行的 SQL 语句。事件和触发器有一定的相似性，这是因为二者都不能在 SQL 语句中主动被调用，都是由 MySQL 在特定的时机调用的。事件的使用方式明显不同于存储例程的主动调用方式。触发器是基于表上的（操作）事件被激活的，而事件是基于时间被调度的。与存储过程比较，触发器和事件都没有调用者。

事件被分为一次性事件和周期（重复）性事件。事件调度器的关注点是事件在什么时间执行，以及间隔多长时间执行下一次事件。事件有过期的概念，类似于失效的时间。一次性事件一旦调度结束即视为过期；可以为周期性事件指定一个过期时间，在过期前事件被重复地执行，而过期后就不应该再被执行。对于过期的事件，MySQL 允许指定这个事件从数据库中自动删除或者继续保留在数据库中。

7.5.2 创建事件

在 MySQL 中使用 CREATE EVENT 语句创建事件，语法格式如下。

```
CREATE EVENT 事件名
ON SCHEDULE 调度规则
[ON COMPLETION [NOT] PRESERVE]
```

```
[ENABLE|DISABLE|DISABLE ON SLAVE]
DO 事件体；
```
其中，事件调度规则的定义如下。
```
AT 时刻 [+INTERVAL 时间间隔] …
| EVERY 时间间隔[STARTS 时刻 [+INTERVAL 时间间隔]]
[ENDS 时刻 [+INTERVAL 时间间隔]]
```
时间间隔的定义如下。
```
count {YEAR|QUARTER|MONTH|DAY|HOUR|MINUTE
|WEEK|SECOND|YEAR_MONTH|DAY_HOUR|DAY_MINUTE
|DAY_SECOND|HOUR_MINUTE|HOUR_SECOND|MINUTE_SECOND}
```
说明如下。

① 调度规则，表示事件何时发生或者每隔多久发生一次。

- AT 子句：表示事件在某个"时刻"发生。"时刻"是一个具体的时间点，后面还可以添加一个时间间隔，表示在这个时间间隔后事件发生。"时间间隔"由一个数值和单位构成，count 是间隔时间的数值。
- EVERY 子句：表示在指定时间区间内每隔多长时间事件发生一次。STARTS 子句用于指定事件开始执行的时间，ENDS 子句用于指定事件执行结束的时间。

② ON COMPLETION [NOT] PRESERVE 是可选项，表示是一次执行还是永久执行，默认为 ON COMPLETION NOT PRESERVE，即事件为一次执行，执行后会自动删除。ON COMPLETION PRESERVE 为永久执行事件。

③ ENABLE|DISABLE|DISABLE ON SLAVE 是可选项，表示设定事件的状态，默认为 ENABLE。

④ 事件体是事件被激活时执行的代码。如果包含多条语句，则使用 BEGIN…END 语句块。

【例 7-27】 创建一个立刻执行的事件 direct1，该事件用于创建表 test1。

```
mysql> USE mydata;
mysql> CREATE EVENT direct1
    -> ON SCHEDULE AT NOW()
    -> DO
    -> CREATE TABLE test1(timeline timestamp);
Query OK, 0 rows affected (0.01 sec);
```

NOW()是返回当前日期和时间的内置函数。代码运行事件即启动，查看数据库 mydata，其中会有新建的表 test1。

【例 7-28】 创建一个事件 direct2，10 秒后创建一个表 test2。

```
mysql> CREATE EVENT direct2
    -> ON SCHEDULE AT CURRENT_TIMESTAMP()+INTERVAL 10 SECOND
    -> DO
    -> CREATE TABLE test2(timeline timestamp);
Query OK, 0 rows affected (0.01 sec);

mysql> show tables;
```

CURRENT_TIMESTAMP()函数与 NOW()函数相同，用于返回当前的日期和时间。执行上述代码后，立即查看数据库 mydata，发现其中并没有表 test2，10 秒后再查看，就会看到创建的表 test2 了。

【例 7-29】 创建一个事件 test1_insert，每 5 秒向数据表 test1 插入一条记录。

```
mysql> CREATE EVENT test1_insert
    -> ON SCHEDULE every 5 second
    -> DO
    -> INSERT INTO test1 VALUES(current_timestamp);
Query OK, 0 rows affected (0.01 sec)
```

查看表 test1 的内容，结果如下。

```
mysql> SELECT * FROM test1;
+---------------------+
| timeline            |
+---------------------+
| 2023-10-11 11:08:21 |
| 2023-10-11 11:08:26 |
| 2023-10-11 11:08:31 |
| 2023-10-11 11:08:36 |
| 2023-10-11 11:08:41 |
| 2023-10-11 11:08:46 |
| 2023-10-11 11:08:51 |
| 2023-10-11 11:08:56 |
```

【例 7-30】 创建一个事件 startdays，要求从明天开始，每天都清空 test1 表，并且在 2023 年的 10 月 20 日 12:00 结束。

```
mysql> DELIMITER //
mysql> CREATE EVENT startdays
    -> ON SCHEDULE EVERY 1 DAY
    -> STARTS curdate()+interval 1 day
    -> ENDS "2023-10-20 12:00:00"
    -> DO
    -> BEGIN
    ->    TRUNCATE TABLE test1;
    -> END//
Query OK, 0 rows affected (0.01 sec)

mysql> DELIMITER ;
```

7.5.3 查看和删除事件

查看事件可以使用 SHOW EVENTS 语句，语法格式如下。

```
SHOW EVENTS;
```

在 MySQL 中使用 DROP EVENT 语句删除事件，语法格式如下。

```
DROP EVENT [IF EXISTS] [database_name.]event_name;
```

【例 7-31】 删除事件 startdays。

```
mysql> DROP EVENT startdays;
```

```
Query OK, 0 rows affected (0.01 sec)
```

上机实践

1. 创建存储过程

① 根据 score 表，创建存储过程 selectscore1，使用输入参数——学号查询学生的成绩。

② 根据 student 表和 score 表，创建存储过程 selectscore2，使用输入参数——学号查询学生的姓名、成绩。

2. 创建存储函数和触发器

① 根据 score 表创建存储函数 getTotal，输入学生的学号，计算该学生的总成绩。

② 创建一个存储函数 getSum，计算输入的正整型参数范围内的奇数和。

③ 创建删除类型触发器 del_tri，删除 student 表中的记录时，显示删除学生的姓名，然后删除该触发器。

3. 创建事件

① 创建重复性事件 backscore，在每天 12:00 定时备份 score 表。

② 创建事件 startweeks，要求从下周开始，每周都清空 test1 表，并且在 2026 年的 12 月 31 日 12:00 结束事件。

习 题

1. 选择题

（1）在 MySQL 程序的流程控制命令中，跳出本次循环，执行下一轮循环的是哪一项？（   ）

　A. WHILE　　　　B. LEAVE　　　　C. LOOP　　　　D. ITERATE

（2）以下关于存储过程的描述，正确的是哪一项？（   ）

　A. 一个存储过程不可以被其他存储过程调用

　B. 修改存储过程就相当于重新创建一个存储过程

　C. 存储过程在数据库中只能应用一次

　D. 以上都正确

（3）以下关于存储过程的描述中，**不正确**的哪一项？（   ）

　A. 在存储过程中可以定义变量

　B. 在存储过程中可以控制程序的流程

　C. 存储过程不一定需要调用，通常可以直接使用

　D. 以上都是错误的

（4）以下关于触发器的描述中，正确的是哪一项？（   ）

　A. 触发器和存储过程一样，必须调用才能使用

　B. 触发器是依赖事件触发的，因此不需要调用就能使用

　C. 创建好触发器后不能将其删除

　D. 以上都正确

（5）创建触发器时，能激活触发器的事件是哪一项？（　　）
A. INSERT 事件　　　　　　　　　B. UPDATE 事件
C. DELETE 事件　　　　　　　　　D. 以上都对

（6）MySQL 数据库**不支持**的触发器是哪一项？（　　）
A. INSERT 触发器　　　　　　　　B. DELETE 触发器
C. CHECK 触发器　　　　　　　　 D. UPDATE 触发器

（7）MySQL 的触发器创建的临时虚拟表是哪一项？（　　）
A. MAX 和 MIN　　　　　　　　　B. AVG 和 SUM
C. INT 和 CHAR　　　　　　　　　D. OLD 和 NEW

（8）以下关于 MySQL 的事件的描述中，**不正确**的是哪一项？（　　）
A. 创建事件的命令是 CREAT EVENT　　B. 执行事件的命令是 DO EVENT
C. 显示事件的命令是 SHOW EVENTS　　D. 删除事件的命令是 DROP EVENT

2. 简答题

（1）在 MySQL 中变量分为哪几种类型？各有什么特点？
（2）REPEAT 语句和 WHILE 语句用于流程控制时，它们的区别是什么？
（3）存储过程与存储函数的区别是什么？
（4）什么是事件？事件与触发器的区别是什么？

第 8 章　MySQL 的用户和权限管理

> MySQL 的权限系统主要用于对连接到数据库的用户进行权限的验证,从而判断用户是否合法,合法的用户被赋予相应的数据库权限。数据库的权限和数据库的安全是息息相关的,操作系统的某些设置也会对 MySQL 的安全造成影响。
>
> 本章介绍 MySQL 权限系统的工作原理、用户管理以及权限管理等内容。

✧ 学习目标

(1) 了解 MySQL 的权限系统的工作过程。
(2) 熟练使用 SQL 命令创建和管理用户。
(3) 实现 MySQL 用户的权限管理。

✧ 知识结构

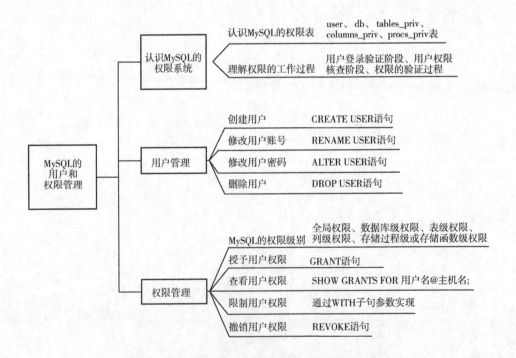

任务 8.1　认识 MySQL 的权限系统

【任务描述】

在管理系统运行 MySQL 数据库的过程中,需要防止出现丢失、恶意篡改或者泄露数据等安全性问题，确保数据在用户规定的权限范围内被合理使用。MySQL 数据库的安全性与 MySQL 的权限系统密切相关。

本任务是让读者认识 MySQL 的权限表，理解 MySQL 权限系统的工作过程。

8.1.1 认识 MySQL 的权限表

MySQL 的权限管理包含用户登录验证和用户权限检查两部分，是由 MySQL 数据库中的若干个权限表来控制的。MySQL 服务启动时，首先会读取 mysql 数据库中的权限表，并将表中的数据装入内存。当用户登录或进行存取操作时，MySQL 会根据权限表进行相应的权限控制。

需要注意的是，mysql 是 MySQL 数据库管理系统的系统数据库，不区分大小写，本书对于 mysql 数据库均采用小写形式。

用户登录以后，MySQL 数据库管理系统会根据权限表的内容为用户赋予相应的权限。mysql 数据库中最重要的权限表是 user 表，还包括 db 表、tables_priv 表、columns_priv 表、procs_priv 表等。MySQL 8.0 的 mysql 数据库中共有 34 个表。

1. 全局权限表 user

user 表是 mysql 数据库中最重要的一个权限表，用于记录允许连接到服务器的账号信息。user 表包括可以连接服务器的用户及密码，并且指明用户所具有的全局（超级用户）权限。在 user 表中启用的任何权限均是全局权限，并适用于所有数据库。

MySQL 8.0 中的 user 表有 51 个字段，这些字段共分为 4 类，分别是用户类字段、权限类字段、安全类字段和资源控制类字段。利用下面的命令可以查看 user 表的结构和内容（运行结果略）。

```
mysql> USE mysql;
mysql> DESC user;
mysql> SELECT * FROM user;
```

在 user 表中可以看到用户常见权限的字段定义。例如，如果用户获得了 DELETE 权限，就可以从表中删除记录。

2. 数据库级权限表 db

db 表是 mysql 数据库中非常重要的数据库级权限表。db 表存储了用户对具体数据库的操作权限，决定用户能从哪个主机存取哪个数据库。db 表的字段大致可以分为两类，分别是用户类字段和权限类字段。

MySQL 早期版本中的 host 表与 db 表功能类似。

3. 表级权限表 tables_priv

tables_priv 表可以设置单个表的权限，该表包含 8 个字段，分别是 Host、Db、User、Table_name、Grantor、Timestamp、Table_priv 和 Column_priv。前 4 个字段分别表示主机名、数据库名、用户名和表名。Grantor 表示权限设置者；Timestamp 表示修改权限的时间；Table_priv 表示对表进行操作的权限，包括 SELECT、INSERT、UPDATE、DELETE、CREATE、DROP、GRANT、REFERENCES、INDEX 和 ALTER。Column_priv 表示对列操作的权限。

4. 列级权限表 columns_priv

columns_priv 表示对表中的数据列进行操作的权限。这些权限包括 SELECT、INSERT、UPDATE 和 REFERENCES。columns_priv 表包含 7 个字段，分别是 Host、Db、User、Table_name、Column_name、Timestamp、Column_priv。

5. 存储过程级权限表 procs_priv

procs_priv 表可以对存储过程和存储函数进行权限设置。procs_priv 表包含 8 个字段，分别是 Host、Db、User、Routine_name、Routine_type、Proc_priv、Timestamp 和 Grantor。前 3 个字段分别表示主机名、数据库名和用户名。Routine_name 表示存储过程或函数的名称。Routine_type 表示类型，该字段有两个取值，分别是 FUNCTION 和 PROCEDURE。FUNCTION 表示这是一个存储函数，PROCEDURE 表示这是一个存储过程。Proc_priv 表示拥有的权限。权限分为 3 类，分别是 EXECUTE、ALTER ROUTINE 和 GRANT。Timestamp 字段用于存储更新的时间，Grantor 字段用于存储权限的设置者信息。

8.1.2 理解权限的工作过程

为了确保数据库的安全性与完整性，数据库系统并不希望每个用户都可以执行所有的数据库操作。当 MySQL 允许一个用户执行某种操作时，将首先核实用户向 MySQL 服务器发送的连接请求，然后确认用户的操作请求是否被允许。MySQL 的访问控制分为两个阶段，即用户登录验证阶段和用户权限核查阶段。

1. 用户登录验证阶段

当用户试图登录 MySQL 服务器时，服务器基于用户提供的信息来验证用户身份，如果不能通过身份验证，服务器会拒绝该用户的访问；如果能够通过身份验证，则服务器接受登录请求，然后进入第 2 个阶段等待用户权限核查。

MySQL 使用 user 表中的 3 个字段（Host、User 和 Password）进行身份检查，服务器只有在用户提供主机名、用户名和密码并与 user 表中对应的字段值完全匹配时才能接受登录。

2. 用户权限核查阶段

一旦登录得到许可，服务器则进入用户权限核查阶段。在这一阶段，MySQL 服务器对当前用户的每个操作进行权限检查，判断用户是否有足够的权限来执行它。用户的权限被保存在 user、db、tables_priv 或 columns_priv 等权限表中。

在 MySQL 权限表的结构中，user 表在最顶层，是全局级的；db 表是数据库级的；tables_priv 表和 columns_priv 表分别是表级和列级的。低等级的表只能从高等级的表中得到必要的范围或权限。

3. 权限的验证过程

MySQL 服务器的权限认证过程如图 8-1 所示。

（1）第 1 层：用户登录服务器请求

在用户登录 MySQL 服务器时，服务器首先会判断输入的用户名、密码、主机名是否与 user 表中的 User、Password 和 Host 这 3 个字段相匹配，从而判断用户是否拥有登录权限。如果匹配不成功，将会报错。一旦 MySQL 服务器认为用户没有登录权限，将会直接拒绝登录。

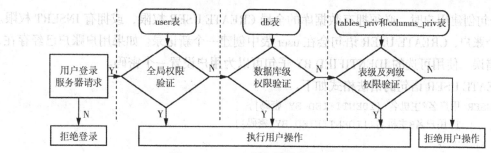

图 8-1　MySQL 服务器的权限认证过程

（2）第 2 层：全局权限验证

用户通过登录验证后，将会直接在 user 表中匹配全局权限，一旦匹配成功就会对全局所有的数据库拥有相应的权限。

（3）第 3 层：数据库级权限验证

如果全局权限验证失败，将会进入数据库级权限验证，这个层级的权限是设置具体用户针对某个数据库的权限。

数据库级权限只对某一个数据库起作用，而设置数据库级权限时底层操作的就是 db 表，也就是说在 db 表中设置了对应的权限后，该用户将对这个数据库中所有的数据都拥有权限。

在实际应用中，如果一个用户只允许操作一个具体的数据库，而对其他数据库没有权限，这时就需要用到数据库级权限。

（4）第 4 层：表级及列级权限验证

表级权限用于定义某个数据表的权限，被定义在 tables_priv 表中，数据库级权限验证失败后服务器就会验证表级权限。表级权限比数据库级权限更加精细化。列级权限控制的是表中某一个字段的操作权限，当数据库需要针对某个具体的字段进行权限控制时，就需要使用列级权限。

在实际应用中，例如订单表，一般只允许对其进行添加、查看和修改操作，不允许进行删除操作，表级权限有着不可替代的作用；列级权限则通常用于控制具体字段的修改或删除权限。

任务 8.2　用户管理

【任务描述】

安装 MySQL 时会自动创建 root 用户，该用户是数据库系统管理员账户，具有全部权限。root 用户可以创建普通用户，普通用户是开发数据库应用系统使用的账户。

本任务介绍用户的管理，让读者了解创建用户、删除用户、修改用户账号以及修改用户密码的操作方法。

8.2.1　创建用户

在 MySQL 数据库中，创建新用户可以直接使用 CREATE USER 语句创建。使用 CREATE

USER 语句创建用户时,必须拥有数据库的全局 CREATE USER 权限,或拥有 INSERT 权限。对于每个账户,CREATE USER 语句会在 user 表中创建一个新记录。如果用户账户已经存在,则出现错误。使用可选的 IDENTIFIED BY 子句可以为用户设置一个密码。

CREATE USER 语句的语法格式如下。

```
CREATE USER 用户名@主机名 [IDENTIFIED BY 密码],
       [,用户名@主机名 [IDENTIFIED BY 密码]]
       … ;
```

说明如下。

① CREATE USER 语句用于创建数据库用户,如果是多个用户,用户名用逗号分隔。

② "用户名"是一个标识符。主机名用于指定用户创建的使用 MySQL 的连接来自哪个主机,本地主机一般用 localhost 表示。

③ [IDENTIFIED BY 密码]是可选项,用于指定用户的密码,用户名和密码区分大小写。

【例 8-1】 创建两个新用户,Kate 的密码为"123456",Rose 的密码为"a1b2c3d4"。

```
mysql> CREATE USER
    -> 'Kate'@'localhost' IDENTIFIED BY '123456',
    -> Rose@localhost IDENTIFIED BY 'a1b2c3d4';
Query OK, 0 rows affected (0.01 sec)
```

可以使用 SELECT 命令查看创建的结果。

```
mysql> SELECT host,user FROM mysql.user;
+-----------+-------------------+
| host      | user              |
+-----------+-------------------+
| localhost | Kate              |
| localhost | Rose              |
| localhost | mysql.infoschema  |
| localhost | mysql.session     |
| localhost | mysql.sys         |
| localhost | root              |
+-----------+-------------------+
6 rows in set (0.00 sec)
```

8.2.2 修改用户账号

修改用户账号可以使用 RENAME USER 语句来实现。如果旧账号不存在或者新账号已存在,则系统会报告错误。RENAME USER 语句的语法格式如下,可以同时修改多个账号。

```
RENAME USER 旧账号 TO 新账号 [,旧账号 TO 新账号] …;
```

【例 8-2】 将用户名为 Rose 的名字改为 Marry。

```
mysql> RENAME USER
    -> Rose@localhost TO 'Marry'@'localhost';
Query OK, 0 rows affected (0.01 sec)
```

可以使用 SELECT 命令查看 user 表的修改结果。

8.2.3 修改用户密码

修改用户密码可以使用 MySQL 的 ALTER USER 语句,也可以在命令行窗口中执行 MYSQLADMIN 命令。

1. ALTER USER 语句

使用 ALTER USER 语句修改用户密码的语法格式如下:

```
ALTER USER 用户名@主机名 IDENTIFIED BY 新密码;
```

【例 8-3】 将用户 Marry 的密码修改为 "456@@@"。

```
mysql> ALTER USER 'Marry'@'localhost' IDENTIFIED BY '456@@@';
Query OK, 0 rows affected (0.01 sec)
```

2. MYSQLADMIN 命令

使用 MySQL 安装目录 bin 文件夹中的 MYSQLADMIN 命令,在命令行窗口中可以修改密码,语法格式如下:

```
MYSQLADMIN -U 用户名 -P PASSWORD 新密码;
```

【例 8-4】 在命令行窗口中,将用户名为 Kate 的密码修改 "789"。

```
C:\Program Files\MySQL\MySQL Server 8.0\bin> MYSQLADMIN -U Kate -p PASSWORD "789";
Enter password: ******
mysqladmin: [Warning] Using a password on the command line interface can be insec
ure.
Warning: Since password will be sent to server in plain text, use ssl connection
to ensure password safety.
```

需要注意的是,"C:\Program Files\MySQL\MySQL Server 8.0\bin" 是 MYSQLADMIN 命令可执行文件所在的文件夹。在命令行窗口执行该命令时,需要输入用户之前使用的密码。

8.2.4 删除用户

如果存在一个或者多个用户账户被闲置,可以考虑将其删除。删除用户可以使用 DROP USER 语句或者直接在 user 表中使用 DELETE FROM 语句。

1. 使用 DROP USER 语句删除用户

DROP USER 语句的语法格式如下:

```
DROP USER 用户名@主机名[,用户名@主机名] …;
```

DROP USER 语句可以删除一个或多个 MySQL 账户,并取消其权限。使用 DROP USER 命令时,必须拥有数据库的全局 CREATE USER 权限或 DELETE 权限。

【例 8-5】 删除用户 Marry。

```
mysql> DROP USER "Marry"@"localhost";
Query OK, 0 rows affected (0.01 sec)
```

2. 使用 DELETE FROM 语句删除用户

DELETE FROM 语句的基本语法格式如下。

```
DELETE FROM mysql.user WHERE host=主机名 AND user=用户名;
```
其中，host 和 user 为 mysql.user 表的两个字段。

【例 8-6】 使用 DELETE FROM 删除用户 Marry。

```
mysql> DELETE FROM mysql.user WHERE host="localhost" AND user="Marry";
Query OK, 1 row affected (0.02 sec)
```

使用 SELECT 语句查询 user 表中的记录，可以验证删除用户的操作是否成功。

如果删除的用户已经创建了表、索引或其他数据库对象，即使删除用户，这些数据库对象也将继续存在，因为 MySQL 并没有记录是谁创建了这些对象。

任务 8.3 权限管理

【任务描述】

权限管理主要是对登录到 MySQL 服务器的用户进行权限验证，保证数据库系统的数据安全。用户的权限被存储在权限表中。

本任务是让读者了解 MySQL 权限的类型，完成授予用户权限、查看用户权限、限制用户权限以及撤销用户权限等操作。

8.3.1 MySQL 的权限级别

启动 MySQL 时，服务器将权限信息读入内存。

GRANT 和 REVOKE 语句用于管理访问权限。管理的权限级别如下，其中 db_name 表示数据库名，tb1_name 表示表名。

（1）全局权限

全局权限适用于一个给定服务器中的所有数据库。这些权限被存储在 user 表中。命令 GRANT ALL ON *.* 和 REVOKE ALL ON *.* 分别用于授予和撤销全局权限。

（2）数据库级权限

数据库级权限适用于一个给定数据库中的所有对象，被存储在 db 表中。命令 GRANT ALL ON db_name.* 和 REVOKE ALL ON db_name.* 分别用于授予和撤销数据库级权限。

授予数据库的权限包括 SELECT、INSERT、UPDATE、DELETE、REFERENCES、GREATE、ALTER、DROP、INDEX、CREAT VIEW、SHOW VIEW、CREATE ROUTINE、ALTER ROUTINE、EXECUTE ROUTINE、ALL 或 ALL PRIVILEGES 等。

（3）表级权限

表级权限适用于一个给定表中的所有列，被存储于 tables_priv 表中。命令 GRANT ALL ON db_name.tb1_name 和 REVOKE ALL ON db_name.tb1_name 分别用于授予和撤销表级权限。

授予表的权限类型包括 SELECT、INSERT、UPDATE、DELETE、REFERENCES、GREATE、ALTER、DROP、INDEX、ALL 或 ALL PRIVILEGES 等。

（4）列级权限

列级权限适用于一个给定表中的某一列，被存储在 columns_priv 表中。当使用 REVOKE

命令时,用户必须指定与被授权列相同的列,采用 SELECT(col1,col2,…)、INSERT(col1,col2,…)和 UPDATE(col1,col2,…)的格式实现。

列权限类型只能是 SELECT、INSERT、UPDATE,而且权限后面需要添加列名的列表。

(5) 存储过程级或存储函数级权限

存储过程级或存储函数级权限,包括修改权限(ALTER ROUTINE)、执行权限(EXECUTE)等。

此外,还可以授予用户 CREATE USR 和 SHOW DATABASES 权限。

GRANT 和 REVOKE 语句为用户操作服务器及数据库对象提供了多层次、多类别的控制权限。从关闭服务器到修改特定表字段中的信息,用户都能利用权限进行控制。

8.3.2 授予用户权限

在 MySQL 中使用 GRANT 语句为用户授予权限。新创建的用户没有任何权限,不能访问数据库。根据用户对数据库的实际操作要求,可以分别授予用户访问特定表的特定字段、特定表、数据库的权限。

为用户设置权限时,只有拥有 GRANT 权限的用户才可以执行 GRANT 语句,语法格式如下。

```
GRANT 权限[(字段名列表)] [,权限[(字段名列表)]] …
    ON 授权类型及对象
    TO  用户名@主机名 [,用户名@主机名] …
    [WITH GRANT OPTION];
```

说明如下。

① 在权限[(字段名列表)][,权限[(字段名列表)]]中,权限是要设置的权限项,包括 SELECT、INSERT、UPDATE、DELETE 等权限。若授予用户所有的权限,则该用户为超级用户,具有完全的权限,可以完成任何操作。

② 授权类型及对象的表示形式如下。

```
{*.* |* |db_name.* |db_name.tbl_name|tbl_name|db_name.routine_name};
```

该语句可以指定授权类型及对象为所有数据库、指定数据库、指定表、所有表等类型。其中,*.*表示所有数据库,*表示当前数据库,db_name.*表示指定数据库的所有表,db_name.tbl_name 表示指定数据库的指定表,tbl_name 表示当前数据库的指定表,db_name.routine_name 表示数据库中的存储过程或存储函数。

③ 用户名@主机名 [,用户名@主机名],用于指明授予的用户,可以将权限同时授予多个用户。

④ [WITH GRANT OPTION]选项是指在授权时若带有 WITH GRANT OPTION 语句,则该用户还可以将权限再授予其他用户。

【例8-7】 创建一个新用户 gra_user,密码为 gra_pass;使用 GRANT 语句授予用户 gra_user 对所有数据的查询、插入权限,并授予 GRANT 权限。

```
mysql> CREATE USER gra_user@localhost IDENTIFIED BY 'gra_pass';
Query OK, 0 rows affected (0.01 sec)
```

```
mysql> GRANT SELECT,INSERT ON *.* TO 'gra_user'@'localhost' WITH GRANT OPTION;
Query OK, 0 rows affected (0.00 sec)
```

【例 8-8】 使用 GRANT 语句将 mydata 数据库中 student 表的 DELETE 权限授予用户 gra_user。

```
mysql> GRANT DELETE ON mydata.student TO 'gra_user'@'localhost';
Query OK, 0 rows affected (0.00 sec)
```

【例 8-9】 授予用户 gra_user 对 student 表上的 sno 列和 sname 列的 UPDATE 权限。

```
mysql> GRANT UPDATE(sno,sname) ON mydata.student TO gra_user@localhost;
Query OK, 0 rows affected (0.01 sec)
```

【例 8-10】 授予用户 gra_user 为 mydata 数据库创建存储过程和存储函数的权限。

```
mysql> GRANT CREATE ROUTINE ON mydata.* TO gra_user@localhost;
Query OK, 0 rows affected (0.01 sec)
```

8.3.3 查看用户权限

使用 SHOW GRANTS 语句可以显示指定用户的权限信息，其基本语法格式如下。

```
SHOW GRANTS FOR 用户名@主机名;
```

【例 8-11】 使用 SHOW GRANTS 语句查看 gra_user 用户的权限信息。

```
mysql> SHOW GRANTS FOR gra_user@localhost;
+--------------------------------------------------------------------------------+
| Grants for gra_user@localhost                                                  |
+--------------------------------------------------------------------------------+
| GRANT SELECT, INSERT ON *.* TO 'gra_user'@'localhost' WITH GRANT OPTION        |
| GRANT CREATE ROUTINE ON 'mydata'.* TO 'gra_user'@'localhost'                   |
| GRANT UPDATE ('sname', 'sno'), DELETE ON 'mydata'.'student' TO 'gra_user'@
'localhost' |
+--------------------------------------------------------------------------------+
3 rows in set (0.00 sec)
```

如果用 USAGE 表示某个权限，则表示该权限未被授权。

8.3.4 限制用户权限

使用 WITH 子句可以通过下列参数对一个用户授予使用权限，其中 count 表示次数或数量。

① MAX_QUERIES_PER_HOUR COUNT：表示每小时可以查询数据库的次数。

② MAX_CONNECTIONS_PER_HOUR COUNT：表示每小时可以连接 MySQL 数据库的次数。

③ MAX_UPDATES_PER_HOUR COUNT：表示每小时可以修改数据库的次数。

④ MAX_USER_CONNECTIONS COUNT：表示用户可以在同一段时间连接 MySQL 数据库的数量。

【例 8-12】 创建用户 Jims，授予 Jims 每小时可以发出查询 30 次，连接数据库 10 次，发出更新数据 5 次，并可以在同一段时间连接 3 个 MySQL 实例的权限。

```
mysql> CREATE USER Jims@localhost IDENTIFIED BY 'frank'
    -> WITH MAX_QUERIES_PER_HOUR 30
    -> MAX_CONNECTIONS_PER_HOUR 10
    -> MAX_UPDATES_PER_HOUR 5
    -> MAX_USER_CONNECTIONS 3;
Query OK, 0 rows affected (0.00 sec)
```

需要注意的是,在 MySQL 8.0 以上版本中,只能在 CREATE USER 命令中限制用户权限。如果要取消某项资源限制,可以把原先的值修改为 0。例如:

```
mysql> ALTER USER 'Jims'@'localhost' WITH MAX_USER_CONNECTIONS 0;
Query OK, 0 rows affected (0.01 sec)
```

8.3.5 撤销用户权限

撤销用户权限就是取消已经赋予用户的某些权限。撤销用户不必要的权限在一定程度上可以保证数据的安全性。权限被撤销后,用户账户的记录将从 db、tables_priv 和 columns_priv 等表中删除,但是用户账户的记录仍然被保存在 user 表中。使用 REVOKE 语句撤销用户权限,其语法格式有两种,一种是撤销用户指定的权限,另一种是撤销用户的所有权限。

1. 撤销用户指定的权限

撤销用户指定的权限的 MySQL 语法格式如下。

```
REVOKE 权限[(字段列表)][,权限[(字段列表)]][,…]
ON 回收权限类型及对象
FROM 用户名@主机名[,用户名@主机名]…;
```

关于 REVOKE、ON、FROM 等子句的解释请参考授予权限部分。

【例 8-13】 撤销 gra_user 用户对 mydata 数据库中 student 表的 UPDATE 权限。

```
mysql> REVOKE UPDATE ON mydata.student FROM gra_user@localhost;
Query OK, 0 rows affected (0.01 sec)
```

2. 撤销用户的所有权限

撤销用户的所有权限的 MySQL 语法格式如下。

```
REVOKE ALL PRIVILEGES,GRANT OPTION
FROM 用户名@主机名[,用户名@主机名]…;
```

【例 8-14】 使用 REVOKE 语句撤销 gra_user 用户的所有权限,包括 GRANT 权限。

```
mysql> REVOKE ALL PRIVILEGES,GRANT OPTION FROM gra_user@localhost;
Query OK, 0 rows affected (0.00 sec)
```

上机实践

1. 创建用户

① 创建用户 user1,无密码。

② 创建用户名和密码同为 my_user 的用户账户。

③ 在 user 表中查看用户。

2．授予和撤销用户权限

① 使用 GRANT 语句为用户 my_user 授予当前数据库中所有表的查询、插入权限，并授予 GRANT 权限。

② 使用 GRANT 语句将 mydata 数据库中 student 表的 DELETE 权限授予 my_user 用户。

③ 撤销 my_user 用户对 mydata 数据库中 student 表的 DELETE 权限。

④ 使用 REVOKE 语句撤销 my_user 用户的所有权限，包括 GRANT 权限。

⑤ 假定当前数据库系统中不存在用户 Liming，书写 SQL 语句创建这个新用户，设置登录密码为"lm123"，同时授予该用户在 mydata 数据库的 course 表上拥有 SELECT 和 UPDATE 的权限。

习　题

1．选择题

（1）在 MySQL 中，可以为指定数据库添加用户的命令是哪一项？（　　）

A．REVOKE　　　B．GRANT　　　C．UPDATE　　　D．CREATE

（2）在 MySQL 中，用于存储用户全局权限的表是哪一项？（　　）

A．tables_priv　　B．procs_priv　　C．columns_priv　　D．user

（3）关于 MySQL 的权限类型中，不正确的是哪一项？（　　）

A．数据库级　　　B．表级　　　　C．列级　　　　D．行级

（4）用于撤销 MySQL 用户权限的命令是哪一项？（　　）

A．REVOKE　　　B．GRANT　　　C．DROP　　　　D．CREATE

（5）修改用户的 MySQL 服务器密码的命令是哪一项？（　　）

A．MYSQL　　　B．ALTER USR　　C．SET PASSWORD　　D．GRANT

（6）给名字为 Sam 的用户分配对数据库 mydata.student 表的查询和插入数据权限的语句是哪一项？（　　）

A．GRANT SELECT,INSERT ON mydata.student FOR 'Sam'@'localhost';

B．GRANT SELECT,INSERT ON mydata.student TO 'Sam'@'localhost';

C．GRANT 'Sam'@'localhost' TO SELECT,INSERT FOR mydata.student;

D．GRANT 'Sam'@'localhost' TO mydata.student ON SELECT,INSERT;

（7）删除用户账户密码的命令是哪一项？（　　）

A．CREATE USER　　　　　　　　B．CREATE USER

C．ALTER USER　　　　　　　　　D．DROP USER

2．简答题

（1）用于 MySQL 权限管理的表有哪些？

（2）在 MySQL 中可以授予的权限有哪些级别？

（3）列举出 MySQL 授予表和列的权限类型。

（4）授予权限、查看权限、限制权限、撤销权限的命令分别是什么？

第9章 备份和恢复数据

数据的备份与恢复是数据库管理的基本操作,目的是保证在意外情况下不丢失数据,或者把数据丢失的数量降到最少。需要经常备份 MySQL 的数据,保证当数据库遭到破坏时可以及时地恢复。

本章介绍数据备份与恢复的基本概念,数据的备份和恢复、表的导入和导出等操作步骤。

◇ 学习目标

(1)了解数据备份与恢复的基本概念。
(2)熟练使用 SQL 命令备份和恢复数据。
(3)掌握表的导入和导出的方法。

◇ 知识结构

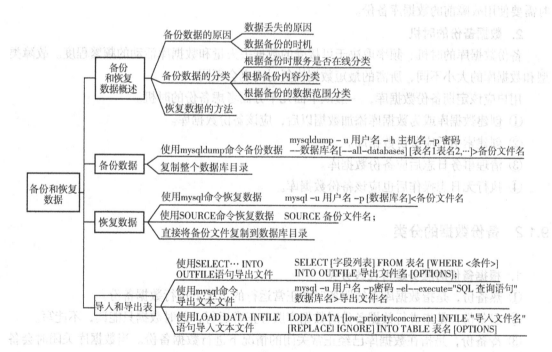

任务9.1 备份和恢复数据概述

【任务描述】

为了保证数据安全,防止意外事件的发生,数据库管理员需要定期备份数据。这样即使数据库系统数据遭到破坏，也可以使用备份数据进行恢复，将损失降低到最小。

本任务是让读者了解数据丢失的原因和数据备份的类别，了解数据恢复的方法。

9.1.1 备份数据的原因

数据的安全性对于数据库来说是至关重要的，任何数据的丢失都可能带来严重的损失。例如，金融行业数据库系统存储着客户账户的重要信息，不允许出现故障。为了保证数据的安全，数据库管理员需要定期对数据进行备份。

1. 数据丢失的原因

在数据库系统运行过程中，数据库管理员应该预判到各种形式的潜在灾难，并针对具体情况制订恢复计划。例如，数据库系统在运行过程中可能出现的操作系统故障、数据库系统故障、工作人员操作失误等。

在数据库系统生命周期中可能发生的灾难主要分为以下 3 类。

① 系统故障，一般是指硬件故障或软件故障。

② 事务故障，指事务运行过程中没有正常提交产生的故障。

③ 介质故障，物理介质发生读写错误，或者管理员在操作过程中不慎删除重要数据，就会产生介质故障。一般来说，发生介质故障时，需要数据库管理员手工恢复数据，在恢复时需要使用故障前的数据库备份。

2. 数据备份的时机

备份数据库的时机、频率取决于可接受的数据丢失量和数据库活动的频繁程度。故障类型和数据库的大小不同，所需的最短数据恢复时间也会不同。

用户应该定期备份数据库，一般从下面几个方面考虑备份的时机。

① 创建数据库或为数据库添加数据以后，应该备份数据库。

② 创建索引后应备份数据库。

③ 清理事务日志后应备份数据库。

④ 执行无日志操作后也应该备份数据库。

9.1.2 备份数据的分类

1. 根据备份时服务是否在线分类

① 热备份，是指数据库在线服务时在正常运行的情况下进行数据备份。

② 温备份，是指进行数据备份时数据库服务正常运行，此时数据只能读，不能写。

③ 冷备份，是指在数据库已经正常关闭的情况下进行数据备份。当数据库关闭时会备份完整的数据库。

2. 根据备份内容分类

（1）逻辑备份

逻辑备份是指使用软件技术从数据库中导出数据并写入一个输出文件，该文件格式一般与原数据库的文件格式不同，只是原数据库中数据内容的一个映像。逻辑备份支持跨平台，备份内容是 SQL 语句（CREATE 和 INSERT 语句），以文本形式存储。恢复时，执行备份文件的 SQL 语句实现数据库数据的重现。

（2）物理备份

物理备份是指直接复制数据库文件进行的备份。与逻辑备份相比，其速度快，但占用的空间比较大。

3. 根据备份的数据范围分类

（1）完整备份

完整备份是指备份整个数据库。这是任何备份策略中都要求完成的第一种备份类型，因为其他所有备份类型都依赖于完整备份。换句话说，没有执行完整备份，就无法执行差异备份和增量备份。

（2）增量备份

增量备份是指备份数据库从上一次完整备份或者最近一次的增量备份以来改变的内容。

（3）差异备份

差异备份是指备份从最近一次完整备份以来发生改变的数据。

备份是一种十分耗费时间和资源的操作，不宜频繁操作，用户应该根据数据库的使用情况确定一个适当的备份周期。

9.1.3 恢复数据的方法

恢复数据就是当数据库出现故障时将备份的数据库加载到系统，从而使数据库恢复到备份时的正确状态。MySQL 使用下面的方法恢复数据。

① 导出数据或者复制表文件来保护数据，在需要时恢复数据。

② 使用二进制日志文件保存更新数据的所有语句，在需要时恢复数据。

③ 使用 MySQL 的数据库复制功能，建立两个或两个以上服务器，设定服务器之间的主从关系。其中一个作为主服务器，其他的作为从服务器。

本书主要介绍第一种方法。数据的恢复与备份还要注意下面的问题。

一是在系统中进行恢复操作时，需要先执行必要的系统安全性检查，包括检查所要恢复的数据库是否存在、数据库是否发生变化及数据库文件是否兼容等，然后根据所采用的数据库备份类型采取相应的恢复措施；二是需要考虑数据备份的时间间隔、数据恢复要完成的时间、数据的更新频率、数据恢复的数据量及数据内容等。

任务 9.2　备份数据

【任务描述】

为了保证数据库中数据的安全，数据库管理员需要定期进行数据库备份，当数据库遭到破坏时，可以通过备份的文件来及时恢复数据库。

本任务让读者了解使用 mysqldump 命令备份数据库和表的方法。

9.2.1 使用 mysqldump 命令备份数据

Mysqldump 是 MySQL 提供的在命令行窗口运行的数据库备份工具,默认被存储在 "C:\Program Files\MySQL\MySQL Server 8.0\bin" 目录中。执行 mysqldump 命令时,可以将数据库备份为一个文本文件,该文件包含了多个 CREATE 和 INSERT 语句,使用这些语句可以重新创建表和插入数据。表的结构和表中的数据都被存储在生成的文本文件中。

使用 mysqldump 命令的工作原理很简单,首先检查需要备份的表的结构,然后在文本文件中生成一个 CREATE 语句,并将表中的所有记录转换成一条 INSERT 语句。CREATE 语句和 INSERT 语句都是在恢复数据时使用的,使用 CREATE 语句来创建表,使用 INSERT 语句来恢复数据。

mysqldump 导出的文件通常以.sql 为扩展名,如果导出的文件不带绝对路径,则默认将其保存在 mysqldump 所在的目录中。

1. 备份数据库或表

使用 mysqldump 命令备份数据库或表的基本语法格式如下。

```
mysqldump -u 用户名 -h 主机名 -p密码
--数据库名 [--all-databases] [表名1,表名2,…]
>备份文件名
```

说明如下。

① –h 后面是主机名,如果是本地主机,该选项可以省略。

② 使用 mysqldump 命令要指定用户名和密码。其中,–u 后面是用户名,–p 后面是密码,–p 和密码之间不能有空格。也可以不写密码,如果不写,在执行 mysqldump 命令时,系统会提示输入密码。

③ 数据库名指定了备份的数据库,--all-databases 表示备份所有数据库;表名1 和表名2 等指明备份具体的表文件。

④ 备份文件名是输出文件,可以指定文件路径。

【例 9–1】 使用 mysqldump 命令备份数据库 mydata 中的所有表。

```
C:\Program Files\MySQL\MySQL Server 8.0\bin>
mysqldump -u root -p mydata>d:/backup/mydatabak.sql
Enter password: ******
```

输入密码后,MySQL 便对数据库进行了备份,在 d:/backup 目录下可以查看备份的文件。

(1)备份文件的内容

使用记事本可以查看备份文件 mydatabak.sql 的内容,如图 9-1 所示。

mydatabak.sql 文件开头首先标明了备份文件使用的 mysqldump 工具的版本号,以及备份账户的名称和主机信息、备份数据库的名称和 MySQL 服务器的版本号 8.0.33。

备份文件中接下来的部分是一些 SET 语句,用于将系统变量的值赋给用户定义的变量,以确保被恢复的数据库的系统变量和备份的变量相同。

备份文件中以 "--" 字符开头的行是注释语句;以 "/*!" 开头、"*/" 结尾的语句为可执行的 MySQL 注释,这些语句可以被 MySQL 执行,但在其他数据库管理系统中将作为注释被忽略,以提高数据库的可移植性。

第9章 备份和恢复数据

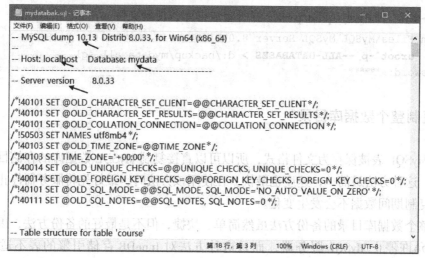

图 9-1 查看 mydatabak.sql 文本文件

另外，备份文件中可执行的 MySQL 注释以数字开头，代表的是 MySQL 的版本号，这些语句只有在指定的 MySQL 版本或者比该版本高的情况下才能被执行。例如 40101，表明这些语句只有在 MySQL 版本号为 4.01.01 或者更高的情况下才可以被执行。

（2）mysqldump 命令的执行路径

mysqldump 命令对应的 mysqldump.exe 文件在 MySQL 安装目录下的 bin 目录中。本例是在 bin 目录执行的 mysqldump 命令。如果在操作系统的环境变量 path 中配置了 mysqldump.exe 文件的路径，则可以在任意目录下执行该命令。

【例 9-2】 使用 mysqldump 命令备份数据库 mydata 中的 student 表和 score 表。

```
C:\> mysqldump -uroot -p123456 mydata student score>d:/backup/mydata_ss.sql
mysqldump: [Warning] Using a password on the command line interface can be insecure.
```

说明如下。

① 因为配置了 Windows 操作系统的环境变量 path 为 C:\Program Files\MySQL\MySQL Server 8.0\bin，所以可以在任意目录下执行 mysqldump 命令。

② mysqldump 命令直接展示了密码，所以不再提示密码，注意-p 和密码之间无空格。

③ 备份文件 mydata_ss.sql 主要包括创建该表的 CREATE 命令和插入该表数据的 INSERT 命令。

2. 备份多个数据库

使用 mysqldump 命令可以备份多个数据库，如果备份所有数据库，则需要使用 --all-databases 参数；如果备份指定数据库，则需要使用--databases 参数，基本语法如下。

```
mysqldump -u 用户名 -h 主机名 -p [--all-databases]
[--databases 数据库名[ 数据库名…]>备份文件名
```

使用--databases 参数后，必须至少指定一个数据库的名称，多个数据库之间用空格隔开。

【例 9-3】 使用 mysqldump 命令将数据库 mydata 和 test 备份到文件 myd_test.sql 中。

```
C:\Program Files\MySQL\MySQL Server 8.0\bin>
mysqldump -u root -p --databases mydata test >d:/backup/myd_test.sql
Enter password: ******
```

【例 9-4】 使用 mysqldump 命令将所有数据库备份到文件 mydata_all.sql 中。

```
C:\Program Files\MySQL\MySQL Server 8.0\bin>
mysqldump -uroot -p --ALL-DATABASES > d:/backup/mydata_all.sql
Enter password: ******
```

9.2.2 复制整个数据库目录

因为 MySQL 表被保存为文件格式，所以可以直接复制 MySQL 数据库的存储目录及文件进行备份。这种方法最简单，速度也最快。在使用该方法时，最好先将服务器停止，这样可以保证在复制期间数据不会发生变化。

复制整个数据库目录的备份方法虽然简单、快捷，但不是最好的备份方法，因为实际情况可能不允许停止 MySQL 服务器，而且这种方法对 InnoDB 存储引擎的表不适用。对于 MyISAM 存储引擎的表，这样备份和恢复很方便，但恢复时最好是相同版本的 MySQL 数据库，否则可能会出现文件类型不同的情况。

任务 9.3 恢复数据

【任务描述】

恢复数据就是让数据库根据备份的数据回到备份时的状态。当数据丢失或遭受意外时，数据库可以恢复已经备份的数据，尽量减少损失。

本任务介绍使用 mysql 命令、SOURCE 命令恢复数据库和表中数据的方法。

9.3.1 使用 mysql 命令恢复数据

使用 mysqldump 命令可以将数据库中的数据备份成一个文本文件，文件的扩展名通常是.sql。mysql 命令用于恢复备份的数据。mysql 命令对应的是 MySQL 安装目录的 bin 下的 mysql.exe 文件，使用方法与 mysqldump 命令类似。

使用mysqldump命令备份后形成的.sql文件可以包含CREATE、INSERT语句，也可以包含DROP语句，mysql 命令可以直接执行文件中的这些语句。使用 mysql 命令恢复数据的语法格式如下。

```
mysql -u 用户名 -p [数据库名] <备份文件名>
```

【例 9-5】 使用 mysql 命令将备份文件 mydatabak.sql（【例 9-1】创建的文件）恢复到数据库中。

为验证使用 mysql 命令恢复数据库的功能，按下面的步骤操作。

（1）删除数据库 mydata

```
mysql> DROP DATABASE mydata;
Query OK, 8 rows affected (0.42 sec)
```

（2）创建空数据库 mydata

```
mysql> CREATE DATABASE mydata;
Query OK, 1 row affected (0.06 sec)
```

（3）在命令行窗口恢复数据

```
C:\Program Files\MySQL\MySQL Server 8.0\bin>
mysql -u root -p mydata<d:\BACKUP\mydatabak.sql
Enter password: ******
```

在执行 mysql 命令前，必须先在 MySQL 服务器中创建要恢复的数据库，如果不存在，则数据恢复过程中会出错。成功执行命令后，mydatabak.sql 文件中的语句就会在指定的数据库中恢复以前的数据。

9.3.2 使用 SOURCE 命令恢复数据

SOURCE 是 MySQL 经常使用的数据导入命令。SOURCE 命令的用法非常简单，首先进入 MySQL 数据库的命令行客户端窗口，然后选择需要导入的数据即可。

使用 SOURCE 命令能够将备份文件导入 MySQL 数据库，语法格式如下。

```
SOURCE 备份文件名;
```

1. 恢复表

【例 9-6】 删除 mydata 数据库中的 student 表和 score 表，使用【例 9-2】中备份的文件 d:/backup/mydata_ss.sql 恢复这两个表。

```
mysql> USE mydata;
mysql> DROP TABLE student;
mysql> DELETE FROM score;
mysql> SOURCE d:/backup/mydata_ss.sql;
```

2. 恢复数据库

【例 9-7】 使用 SOURCE 命令将备份文件 mydatabak.sql（【例 9-1】创建的）恢复到数据库中。

```
mysql> USE mydata;
mysql> SOURCE d:/backup/mydatabak.sql;
```

说明如下。

① 使用 SOURCE 命令导入已备份好的.sql 文件，可以恢复整个数据库或某个表。

② SOURCE 命令必须在 MySQL 的命令行客户端窗口执行。数据库管理员或用户使用 USE 命令进入待恢复的数据库。

③ 如果数据库已被删除，由于没办法进入数据库，可以先建一个同名的空数据库，然后用 USE 命令使用该数据库，再用 SOURCE 命令进行恢复。

④ 可以直接用 SOURCE 命令导入备份文件进行恢复。

⑤ 在导入数据前，可以先确认编码，如果不设置可能会出现乱码，例如：

```
mysql> SET NAMES utf8mb4;
mysql> SOURCE d:/backup/mydatabak.sql;
```

9.3.3 直接将备份文件复制到数据库目录

如果通过复制数据库文件方式备份数据库，可以直接将备份的文件复制到 MySQL 数据目录下实现恢复。通过这种方式恢复数据时,必须保证备份数据的数据库和待恢复的数据库的服务器的主版本号相同,而且这种方式只对 MyISAM 存储引擎的表有效,对 InnoDB 存储引擎的表无效。

在执行恢复前,要关闭 MySQL 服务,先用备份的文件或文件夹覆盖 MySQL 的 data 文件夹,再启动 MySQL 服务。

任务 9.4 导入和导出表

【任务描述】

可以将 MySQL 数据库中的数据导出到 .sql、.xml、.txt、.xls 或 .html 等外部文件中。同样,也可以将这些导出文件导入 MySQL 数据库。

本任务是介绍分别使用 SELECT…INTO OUTFILE 语句、LOAD DATA INFILE 语句导出和导入文件的方法,以及使用 mysql 命令导出文本文件的方法。

9.4.1 使用 SELECT…INTO OUTFILE 语句导出文件

1. SELECT…INTO OUTFILE 语句

使用 SELECT…INTO OUTFILE 语句可以把查询到的表的内容写入一个指定格式的文件,其语法格式如下。

```
SELECT [字段名列表] FROM 表名 [WHERE <条件>]
INTO OUTFILE 导出文件名 [OPTIONS];
```

说明如下。

① 该语句将 SELECT 语句选中的行写入一个文件。该文件默认是在服务器上创建的,如果原来有同名的文件,则会覆盖原文件。

② INTO OUTFILE 导出文件名,是将前面 SELECT 语句的查询结果导出到指定的外部文件中。导出的文件类型可以是 .txt、.xls、.xml、.html 等。

③ [OPTIONS]是可选项,包括 FIELDS 子句和 LINES 子句,用于决定数据行在文件中存放的格式。OPTIONS 的格式如下。

```
FIELDS [TERMINATED BY 'value'] [[OPTIONALLY] ENCLOSED BY 'value'] [ESCAPED BY 'value']
LINES [STARTING BY 'value'] [TERMINATED BY 'value']
```

上述格式中,参数 value 的取值如下。

- [TERMINATED BY 'value']:设置字段之间的分隔符,可以为单个或多个字符,默认为制表符 "\t"。
- [[OPTIONALLY] ENCLOSED BY 'value']:设置字段的包围字符,只能为单个字符,若使用 OPTIONALLY 选项,则只能让 CHAR 和 VARCHAR 类型数据被指定字符围绕。
- [ESCAPED BY 'value']:设置如何写入或读入特殊字符,只能为单个字符,即设置转义字符,默认值为 "\"。

- [STARTING BY 'value']：设置每行数据开头的字符，可以为单个或多个字符，在默认情况下不使用字符。
- [TERMINATED BY 'value']：设置每行结尾的字符，可以为单个或多个字符，默认值为"\n"。

2. 设置导出文件目录

在利用 SELECT…INTO OUTFILE 语句导出文件时，MySQL 默认对导出文件的目录有权限限制。系统默认将备份文件保存在指定的 data 目录下，用户可以通过 secure-file-priv 选项指定导出文件目录。

① 查询默认的文件备份目录。

执行以下 MySQL 命令。

```
mysql> SHOW VARIABLES LIKE '%secure%';
+--------------------------+------------------------------------------------+
| Variable_name            | Value                                          |
+--------------------------+------------------------------------------------+
| require_secure_transport | OFF                                            |
| secure_file_priv         | C:\ProgramData\MySQL\MySQL Server 8.0\Uploads\ |
+--------------------------+------------------------------------------------+
2 rows in set, 1 warning (0.05 sec)
```

可以看出，默认的导出目录为 C:\ProgramData\MySQL\MySQL Server 8.0\Uploads\。

② 在 my.ini 中可以修改文件的默认路径，本章设置默认目录为 d:/backup。

my.ini 文件默认在 C:\ProgramData\MySQL\MySQL Server 8.0 目录下，修改默认路径需要修改其 secure-file-priv 选项。

```
secure-file-priv="d:/backup"
```

③ 重新启动 MySQL 服务。

【例 9-8】 使用 SELECT … INTO OUTFILE 语句将 mydata 数据库中 student 表的记录分别导出到.txt 格式和.sql 格式文件中。

```
mysql> SELECT * INTO OUTFILE 'd:/backup/student.txt' FROM student;
Query OK, 7 rows affected (0.07 sec)

mysql> SELECT * FROM student INTO OUTFILE 'd:/backup/student.sql';
Query OK, 7 rows affected (0.04 sec)
```

执行 SQL 语句后，将在 d:/backup 目录中产生 student.txt 和 student.sql 文件。

【例 9-9】 使用 SELECT … INTO OUTFILE 语句将 mydata 数据库中 course 表的记录导出到.txt 文本文件。要求使用 FIELDS 子句和 LINES 子句，字段之间用逗号","间隔，所有字段值用双引号引起来，定义转义符为单引号"\'"。

```
mysql> SELECT * FROM COURSE INTO OUTFILE 'd:/backup/course.txt'
    -> FIELDS
    -> TERMINATED BY ','
    -> ENCLOSED BY '\"'
    -> ESCAPED BY '\''
    -> LINES
    -> TERMINATED BY '\r\n';
Query OK, 4 rows affected (0.00 sec)
```

执行 SQL 语句后，将在 d:/backup 目录中产生 course.txt 文件。

9.4.2 用 mysql 命令导出文本文件

mysql 命令可以用于登录 MySQL 服务器和恢复备份的文件，也可以用于导出文本文件，基本语法格式如下。

```
mysql -u 用户名 -p 密码 [-e|--execute]="SQL 查询语句" 数据库名>导出文件名
```

说明如下。

① mysql 命令在 Windows 的命令行窗口执行。

② –u 和-p 参数后面分别连接的是用户名和密码。

③ -e|--execute 是可选项，用于连接执行的 SQL 查询语句。

④ 数据库名指明要操作的具体数据库，导出文件名可以指明路径。

【例 9-10】 使用 MySQL 命令将 mydata 数据库中 student 表的记录导出到文本文件。

```
C:\Program Files\MySQL\MySQL Server 8.0\bin>
mysql -u root -p --execute="SELECT * FROM student;" mydata >d:/backup/stubak.txt

Enter password: ******
```

或

```
C:\Program Files\MySQL\MySQL Server 8.0\bin>
mysql -u root -p -e "SELECT * FROM student;" mydata >d:/backup/stubak.txt
```

执行完语句，在 d 盘 backup 目录中将生成 stubak.txt 文件。

9.4.3 使用 LOAD DATA INFILE 语句导入文本文件

使用 LOAD DATA INFILE 语句可以将文本文件导入 MySQL 数据库，该命令的语法格式如下。

```
LODA DATA [low_priority|concurrent] INFILE "导入文件名"
[REPLACE|IGNORE] INTO TABLE 表名 [OPTIONS]
```

说明如下。

① low_priority|concurrent 是可选项，若指定 low_priority，在写入表的过程中，如果有客户端程序读表，则延迟语句的执行。

② "导入文件名"保存了待存入数据库的数据行，由 SELECT…INTO OUTFILE 语句导出产生，也可以是由 mysql 命令导出的文本文件。

③ 要导入的"表名"在数据库中必须存在，表结构必须与导入文件的数据行（结构）一致。

④ REPLACE|IGNORE 是可选项，如果指定了 REPLACE，则当表中出现与原有行相同的关键字值，输入行会替换原有行。

⑤ [OPTIONS]参数：与 SELECT…INTO OUTFILE 语句中的 OPTIONS 参数类似。

【例 9-11】 使用 DELETE 语句删除 student 表中的记录,然后用 LOAD DATA INFILE 语句恢复 student 表中的数据。

(1)删除 student 表中的记录

```
mysql> DELETE FROM student;
Query OK, 7 rows affected (0.07 sec)
```

(2)恢复 student 表中的数据

```
mysql> LOAD DATA INFILE 'd:/backup/student.sql' INTO TABLE student;
Query OK, 7 rows affected (0.05 sec)
Records: 7  Deleted: 0  Skipped: 0  Warnings: 0
```

【例 9-12】 用【例 9-8】备份的 student.txt 文件恢复 student 表数据。为避免主键冲突,要用 REPLACE INTO TABLE 直接将数据进行替换来恢复数据。

```
mysql> DELETE FROM student;
Query OK, 7 rows affected (0.07 sec)

mysql> LOAD DATA INFILE 'D:/backup/student.txt' REPLACE INTO TABLE student;
Query OK, 7 rows affected (0.03 sec)
Records: 7  Deleted: 0  Skipped: 0  Warnings: 0
```

【例 9-13】 使用 LOAD DATA INFILE 命令将【例 9-9】生成的 "d:/backup/course.txt" 文件中的数据导入 mydata 数据库的 course 表,要求使用 FIELDS 子句和 LINES 子句,字段之间使用逗号 ",",间隔,所有字段值用双引号引起来,定义转义符为单引号 "\"。

```
mysql> DELETE FROM course;
Query OK, 4 rows affected (0.04 sec)

mysql> LOAD DATA INFILE 'd:/backup/course.txt' INTO TABLE course
    -> FIELDS
    -> TERMINATED BY ','
    -> ENCLOSED BY '\"'
    -> ESCAPED BY '\''
    -> LINES
    -> TERMINATED BY '\r\n';
Query OK, 4 rows affected (0.02 sec)
Records: 4  Deleted: 0  Skipped: 0  Warnings: 0
```

上机实践

1. 使用 mysqldump 命令备份数据

① 备份数据库 mydata 中的所有表,备份文件名为 databak1.sql,将其保存在 c 盘 bak 目录下。

② 备份数据库 mydata 中的 course 表,备份文件名为 myd_cou.sql,将其保存在 c 盘 bak 目录下。

2. 使用 mysql 命令和 source 语句恢复数据

① 将备份文件 databak1sql 恢复到 mydata 数据库中。

② 删除 mydata 数据库中的 course 表，然后用 source 命令将备份文件 myd_cou.sql 恢复到数据库中。

3. 导入和导出表操作

① 使用 SELECT…INTO OUTFILE 语句将 mydata 数据库中 course 表的记录分别导出到.txt 格式和.sql 格式的文件中。

② 使用 mysql 命令将 mydata 数据库中的 student 表的记录导出到文本文件 stu.txt 中。

③ 使用 DELETE 语句删除 student 表中的记录，然后用 LOAD DATA INFILE 语句将 stu.txt 文件中的数据恢复到 student 表中。

习 题

1. 选择题

（1）以备份数据时服务器是否在线为依据划分，备份类型**不包括**哪一项？（   ）
  A. 热备份　　　　B. 完全备份　　　　C. 冷备份　　　　D. 温备份

（2）从备份文件内容的角度，数据备份可分为哪两种？（   ）
  A. 离线备份和在线备份　　　　　　B. 逻辑备份和物理备份
  C. 完全备份和增量备份　　　　　　D. 热备份和冷备份

（3）在恢复数据库之前，首先要进行哪一项操作？（   ）
  A. 创建数据表备份　　　　　　　　B. 创建完整数据库备份
  C. 创建冷设备　　　　　　　　　　D. 删除最近事务日志备份

（4）可以用于恢复数据的命令是哪一项？（   ）
  A. mysqldump　　　　　　　　　　B. mysql
  C. SELECT…INTO OUTFILE　　　　 D. IMPORT FILE

（5）可以备份数据库的命令是哪一项？（   ）
  A. SELECT…INTO OUTFILE　　　　 B. LOAD DATA INFILE
  C. CREATE FUNCTION　　　　　　　D. 以上都不是

（6）通过 mysqldump 命令备份数据生成的 SQL 语句中，**不包括**哪一项？（   ）
  A. D.ELETE　　B. CREATE　　　C. INSERT　　　D. DROP

（7）在 SELECT…INTO OUTFILE…FIELDS 语句中，FIELDS 选项**不包含**的参数是哪一项？（   ）
  A. TERMINATED BY　　　　　　　　B. ENCLOSED BY
  C. ESCAPED BY　　　　　　　　　　D. ORDER BY

2. 简答题

（1）MySQL 为什么需要进行数据库的备份操作？

（2）使用直接复制方法实现数据库备份与恢复时需要注意哪些问题？

（3）使用 SELECT…INTO OUTFILE 语句导出文件时，如何设置导出文件的保存路径？

（4）MySQL 数据库备份与恢复的常用方法有哪些？

第 10 章 事务与并发控制

在实际应用中，数据库不会一次仅为一个用户服务，多数情况下数据会被多个用户共享。这样就会产生一个问题：如果两个以上用户同时更新一条记录，那么这条记录的值该如何确定呢？数据库系统为了解决数据库的多用户并发问题，通常会采用事务机制来保证数据的可靠性、精确性、一致性和完整性。

本章介绍 MySQL 事务的基本概念、管理事务、并发处理事务以及管理锁等内容。

◇ **学习目标**

（1）了解事务的概念、特性和分类。
（2）掌握启动、结束、回滚事务，以及设置事务保存点等操作步骤。
（3）掌握并发问题的原因和处理方法。
（4）了解锁的基本概念、锁定与解锁的方法。

◇ **知识结构**

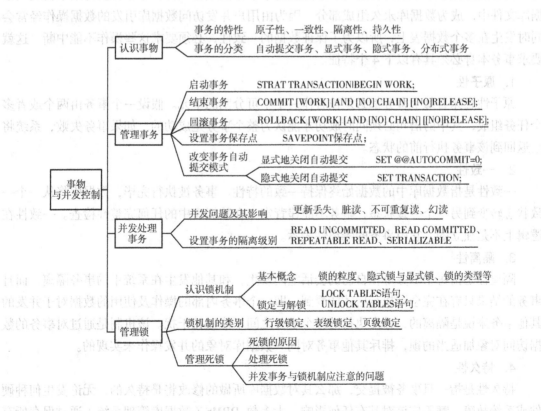

任务 10.1　认识事务

【任务描述】
在应用开发中，与一个事务相关的数据必须保证可靠性、精确性、一致性和完整性，以符合实际的开发需求。现实生活中的火车购票、在线购物、股票交易、银行借贷等业务都是采用事务方式来处理的。在 MySQL 中，通常使用事务来确保对多个数据进行的修改可以作为一个单元来处理。

本任务是让读者理解事务的特性，熟悉事务的分类。

10.1.1　事务的特性

事务是 MySQL 的一个逻辑工作单元，是一组不可分割的 SQL 语句的集合。事务处理机制在应用开发过程中会使整个系统更加安全。MySQL 具有事务处理功能，能够保证数据库操作的一致性和完整性，还可以保证同时进行操作的数据的有效性。在 MySQL 中并不是所有的存储引擎都支持事务，例如 InnoDB 和 BDB 支持事务，而 MyISAM 和 MEMORY 不支持事务。

事务的每个 SQL 语句是互相依赖的，而且单元作为一个整体是不可分割的。如果单元中有一个语句不能完成，那么整个单元就会回滚全部数据操作，返回到事务开始前的状态。因此，只有执行完事务中的所有语句，才能说这个事务被成功执行，才能将执行结果提交到数据库文件中，成为数据库永久组成部分。因为由用户并发访问数据库引发的数据操作经常会同时发生在多个数据表上，所以为了保证数据的一致性，必须要求这些操作不能中断。这就要求事务本身必须具有以下 4 个特征。

1. 原子性

原子性意味着每个事务都必须被看作一个不可分割的单元。假设一个事务由两个或者多个任务组成，其中的语句必须同时成功才能认为整个事务是成功的。如果事务失败，系统将会返回到该事务执行前的状态。

2. 一致性

一致性是指数据库中的数据始终保持一致的特性。事务被执行完毕，数据库将从一个一致状态转变到另一个一致状态，事务不能违背定义在数据库中的任何完整性检查。一致性在逻辑上不是独立的，它由事务的隔离性表示。

3. 隔离性

隔离性是指每个事务都在自己的会话空间发生，和其他发生在系统中的事务隔离，而且事务的结果只有在完全被执行后才能看到，即一个事务内部的操作及使用的数据对于并发的其他事务来说是隔离的，并发执行的各个事务之间不能互相干扰。该机制是通过对事务的数据访问对象加适当的锁，排斥其他事务对同一数据库对象的并发操作来实现的。

4. 持久性

持久性是指一旦事务被提交，那么其对数据库所做的修改将是持久的，无论发生何种硬件或系统故障，都不应该对其有任何影响。大多数 DBMS（数据库管理系统）通过保存所有行为的日志来保证数据的持久性，这些行为是指在数据库中以任意方法更改数据。数据库日志记录了所有对表的更新、查询等操作。例如自动柜员机在向客户支付一笔现金时，只要提交操作，就不用担心丢失客户的存取记录。

10.1.2 事务的分类

任何对数据的操作都是在事务环境中进行的。MySQL 支持 4 种事务模式，分别是自动提交事务、显式事务、隐式事务和分布式事务。

1. 自动提交事务

在默认情况下，MySQL 采用自动提交事务模式运行。执行一个用于修改表数据的语句后，MySQL 会立刻将结果保存到存储介质中。如果用户没有定义事务，MySQL 会自己定义事务，将其称为自动提交事务。每条单独的语句都是一个事务。例如，InnoDB 中的 CREATE TABLE 语句作为单一事务被处理，即用户执行 ROLLBACK 语句不会回滚用户在事务处理过程中创建的 CREATE TABLE 语句。

每个 MySQL 语句在完成后都被提交或回滚。如果一个语句被成功地完成，则提交该语句；如果遇到错误，则回滚该语句的操作。只要没有显式事务或隐式事务模式覆盖自动提交事务模式，数据库就以此默认模式操作。

2. 显式事务

显式事务是指显式地定义了开始（START TRANSACTION|BEGIN WORK）和结束（COMMIT 或 ROLLBACK WORK）的事务。在实际应用中，大多数事务是由用户定义的。事务结束分为提交（COMMIT）和回滚（ROLLBACK）两种状态。事务以提交状态结束，全部事务操作完成以后将操作结果提交到数据库中；事务以回滚状态结束，则事务的操作被全部取消，事务操作失败。

3. 隐式事务

隐式事务区别于显式事务，没有明确指明事务的开始，当连接到数据库系统时就视为开始了隐式事务。自动提交事务都是隐式事务。

4. 分布式事务

一个比较复杂的应用可能有多台服务器，那么要保证在多服务器环境中事务的完整性和一致性就必须定义一个分布式事务。在分布式事务中，所有的操作都可以涉及对多台服务器的操作，当这些操作都成功时，那么所有这些操作都被提交到相应服务器的数据库中；如果这些操作中有一个操作失败，那么这个分布式事务中的全部操作都被取消。

InnoDB 存储引擎支持 XA 事务，XA 事务可以支持分布式事务。

任务 10.2　管理事务

【任务描述】

在默认情况下，每条 SQL 语句就是一个事务，即执行 SQL 语句后会被自动提交。为了使多个操作成为一个整体，需要使用 BEGIN WORK 或 START TRANSACTION 开始一个事务，或者执行语句 SET@@AUTOCOMMIT=0 来禁止当前会话的自动提交，语句后面的语句将作为事务的开始。

本任务介绍启动事务、结束事务、回滚事务、设置事务保存点以及改变 MySQL 的自动提交模式的方法。

10.2.1 启动事务

当程序的第一条 SQL 语句，或者 COMMIT 或 ROLLBACK 语句后的第一条 SQL 语句被执行后，即开启了新的事务。也可以使用一条 START TRANSACTION 语句来显式地启动一个事务。启动事务的语法格式如下。

```
STRAT TRANSACTION|BEGIN WORK;
```

BEGIN WORK 语句可以替代 START TRANSACTION 语句，但 START TRANSACTION 更常用一些。

10.2.2 结束事务

COMMIT 是事务提交语句，它使事务开始后执行的所有数据修改成为数据库的永久部分，也标志一个事务的结束。

结束事务的语法格式如下。

```
COMMIT [WORK] [AND [NO] CHAIN] [[NO]RELEASE];
```

注意：MySQL 使用的是平面事务模型，因此是不允许嵌套事务的。在一个事务中使用 START TRANSACTION 语句后，后一个事务开始时自动提交前一个事务。

同样，下面的 MySQL 语句在运行时都会隐式地执行一个 COMMIT 语句。

① DROP DATABASE/DROP TABLE。

② CREATE INDEX/DROP INDEX。

③ ALTER TABLE/RENAME TABLE。

④ LOCK TABLES/UNLOCK TABLES。

⑤ SET @@AUTOCOMMIT=1。

10.2.3 回滚事务

ROLLBACK 是回滚语句，它回滚事务所做的修改，并结束当前事务，语法格式如下。

```
ROLLBACK [WORK] [AND [NO] CHAIN] [[NO]RELEASE];
```

该语句清除自事务开始至该语句执行的所有数据更新操作，将数据状态回滚到事务开始之前，并释放由事务控制的资源。

10.2.4 设置事务保存点

除了回滚整个事务，用户还可以使用 ROLLBACK TO 语句使事务回滚到某个点，实现事务的部分回滚，这需要使用 SAVEPOINT 语句来设置一个保存点，设置事务保存点的语法格式如下。

```
SAVEPOINT 保存点;
```

利用 ROLLBACK TO SAVEPOINT 语句会向已命名的保存点回滚一个事务。如果设置保存点后，当前事务对数据进行了更改，则这些更改会在回滚中被恢复。其语法格式如下。

```
ROLLBACK [WORK] TO SAVEPOINT 保存点;
```

当事务回滚到某个保存点后，在该保存点之后设置的保存点将被删除。

RELEASE SAVEPOINT 语句会从当前事务的一组保存点中删除已命名的保存点。如果保存点不存在，会出现错误。其语法格式如下。

```
RELEASE SAVEPOINT 保存点;
```

10.2.5 改变事务自动提交模式

关闭自动提交的方法有两种，一种是显式地关闭自动提交，另一种是隐式地关闭自动提交。

1. 显式地关闭自动提交

使用 MySQL 语句 SET @@AUTOCOMMIT=0 可以显式地关闭 MySQL 的自动提交。

【例 10-1】 显式地关闭事务的自动提交。

在执行 SET @@AUTOCOMMIT=0 显式地关闭 MySQL 的自动提交时，结束事务处理后必须使用 COMMIT 语句提交。

① 显式地关闭自动提交，然后向 course 表插入两条记录。

```
mysql> USE mydata;
mysql> SET @@AUTOCOMMIT=0;
mysql> START TRANSACTION;

mysql> INSERT INTO course VALUES('1000','MySQL',48,'Wang');
mysql> INSERT INTO course VALUES('2000','Oracle',48,'Zhang');

mysql> SELECT * FROM course;
+------+-----------------+------+----------+
| cno  | cname           | hour | teacher  |
+------+-----------------+------+----------+
| 1000 | MySQL           |   48 | Wang     |
| 2000 | Oracle          |   48 | Zhang    |
| C207 | 大学物理        |   80 | 侯玉梅   |
| C305 | 计算机技术      |   64 | 李宝军   |
| C402 | 大学英语        |  120 | 张艳     |
| C531 | 高等数学        |   96 | 吴天虎   |
+------+-----------------+------+----------+
6 rows in set (0.00 sec)
```

② 从运行结果可以看出，事务处理似乎已经完成。退出数据库管理系统并重新登录，再次查询 course 表，结果如下。

```
mysql> SELECT * FROM course;
+------+-----------------+------+----------+
| cno  | cname           | hour | teacher  |
+------+-----------------+------+----------+
```

```
| C207  | 大学物理       |   80 | 侯玉梅   |
| C305  | 计算机技术     |   64 | 李宝军   |
| C402  | 大学英语       |  120 | 张艳     |
| C531  | 高等数学       |   96 | 吴天虎   |
+-------+----------------+------+----------+
4 rows in set (0.00 sec)
```

③ 从运行结果可以看出，事务中的插入记录操作并未完成，这是因为事务未经提交就已经退出数据库了。由于关闭了自动提交，事务操作被自动取消了。为了能够永久把两条记录写入 course 表，需要在事务处理结束后加入 COMMIT 语句，完成整个事务的提交。完整的代码如下。

```
mysql> USE mydata;
mysql> SET @@AUTOCOMMIT=0;
mysql> START TRANSACTION;
mysql> INSERT INTO course VALUES('1000','MySQL',48,'Wang');
mysql> INSERT INTO course VALUES('2000','Oracle',48,'Zhang');
mysql> COMMIT;
```

④ 如果执行 SET @@AUTOCOMMIT=1（MySQL 默认的提交方式），执行完 CREATE、DELETE、UPDATE 等语句会自动提交。使用 SET TRANSACTION 语句是隐式地关闭自动提交，这是事务的特点决定的。

【例 10-2】 在存储过程 auto_cno( )中设置变量@@AUTOCOMMIT 的值为 0，修改自动提交模式。存储过程 auto_cno( )的功能是删除课程号为 "C531" 的表记录，然后回滚。

① 创建存储过程。

```
mysql> USE mydata;
mysql> DELIMITER //
mysql> SET @@AUTOCOMMIT=0;
    -> CREATE PROCEDURE auto_cno()
    -> BEGIN
    -> START TRANSACTION;
    -> DELETE FROM course WHERE cno="C531";
    -> SELECT * FROM course WHERE cno="C531";
    -> ROLLBACK;
    -> SELECT * FROM course WHERE cno="C531";
    -> END //
Query OK, 0 rows affected (0.00 sec)
mysql> DELIMITER ;
```

② 调用存储过程。

```
mysql> CALL auto_cno();
Empty set (0.00 sec)
+-------+----------------+------+----------+
| cno   | cname          | hour | teacher  |
+-------+----------------+------+----------+
| C531  | 高等数学       |   96 | 吴天虎   |
+-------+----------------+------+----------+
1 row in set (0.00 sec)
```

查看事务的执行结果可以发现，course 表中似乎已经删除课程号为 "C531" 的行，显示为空记录。但该修改并没有持久化，因为自动提交被关闭了，通过 ROLLBACK 回滚语句再查询时，数据回滚到了被删除前的状态。另外，也可以使用 COMMIT 语句持久化这一修改。

如果想恢复事务的自动提交功能，可以执行以下语句。

```
SET @@AUTOCOMMIT=1;
```

2. 隐式地关闭自动提交

使用 MySQL 语句 "SET TRANSACTION;" 可以隐式地关闭自动提交。隐式地关闭自动提交不会修改变量 @@AUTOCOMMIT 的值。

【例 10-3】 在存储过程 update_cno( ) 中，将 course 表中课程号为 "C531" 的课程名改为 "高等数学 A"，并提交该事务。

```
mysql> USE mydata;
mysql> DELIMITER //
mysql> CREATE PROCEDURE update_cno()
    -> BEGIN
    -> START TRANSACTION;
    -> UPDATE COURSE SET cname="高等数学A" WHERE cno="C531";
    -> COMMIT;
    -> SELECT * FROM COURSE WHERE cno="C531";
    -> END //
Query OK, 0 rows affected (0.00 sec)
mysql> DELIMITER ;

mysql> CALL update_cno();
+------+------------+------+---------+
| cno  | cname      | hour | teacher |
+------+------------+------+---------+
| C531 | 高等数学A   |  96  | 吴天虎  |
+------+------------+------+---------+
1 row in set (0.00 sec)
Query OK, 0 rows affected (0.01 sec)
```

本例中使用 START TRANSACTION 定义一个事务，使用 COMMIT 提交事务。调用存储过程 update_cno( )，执行该事务后，查看结果，课程号为 "0531" 的课程名被改为 "高等数学 A"。

下面是事务应用的几个示例。

【例 10-4】 在存储过程 insert_cno( ) 中，使用显式事务向 course 表中插入两条记录。

```
mysql> USE mydata;
mysql> DELIMITER //
mysql> CREATE PROCEDURE insert_cno()
    -> BEGIN
    -> START TRANSACTION;
    -> INSERT INTO course VALUES('0301','Python程序设计',48,'郑帅');
    -> INSERT INTO course VALUES('0302','计算机原理', '32H','高达斌');
    -> SELECT * FROM course;
    -> COMMIT;
    -> END //
```

```
Query OK, 0 rows affected (0.01 sec)

mysql> DELIMITER ;
mysql> CALL insert_cno();
ERROR 1265 (01000): Data truncated for column 'hour' at row 1
```

调用存储过程 insert_cno(),系统会报告异常,因为第 2 条 INSERT 语句存在错误。即使第 1 条 INSERT 语句是完全正确的,也不能将记录正确插入 course 表,这体现了事务的原子性。

如果事务中的语句(两条 INSERT 语句)都正确,就可以看到执行存储过程后,course 表中添加了 2 条记录。

【例 10-5】 在存储过程 proc_cno()中创建一个事务,向 course 表中添加一条记录,并设置保存点。然后删除该记录,并回滚到事务的保存点,提交事务。

```
mysql> USE mydata;
mysql> DELIMITER //
mysql> CREATE PROCEDURE proc_cno()
    -> BEGIN
    -> START TRANSACTION;
    -> INSERT INTO course VALUES('0303','人工智能',48,'高凯');
    -> SAVEPOINT procno1;
    -> DELETE FROM course WHERE cno='0303';
    -> ROLLBACK WORK TO SAVEPOINT procno1;
    -> SELECT * FROM COURSE;
    -> COMMIT;
    -> END //
Query OK, 0 rows affected (0.01 sec)

mysql> DELIMITER ;
mysql> CALL proc_cno();
```

本例创建了一个事务,向 course 表中添加一条记录,并设置保存点为 procno1。删除该记录后,回滚到事务的保存点 procno1,使用 COMMIT 提交事务。最终的结果是记录没有被删除。

任务 10.3 并发处理事务

【任务描述】

用户访问数据库服务器时,系统会为用户分配私有内存区域,用于保存当前用户的数据和控制信息。每个用户通过访问自己的私有内存区域访问服务器,用户之间互不干扰,以此实现并发数据访问的控制。当数据库引擎所支持的并发操作数较大时,数据库并发程序会增多。控制多个用户同时访问和更改共享数据却不会彼此冲突称为并发控制。

本任务是让读者掌握并发问题及其影响,设置事务的隔离级别的方法。

10.3.1 并发问题及其影响

当多个用户访问同一个数据资源时,如果数据存储系统没有并发控制,就会出现并发问题，例如修改数据的用户会影响同时读取或修改相同数据的其他用户。当同一个数据库系统中有多个事务并发运行时，如果不加以适当控制，可能产生数据的不一致性问题。

数据库的并发操作导致的数据的不一致性主要有 4 种，即更新丢失、脏读、不可重复读和幻读数据。另外，数据库的并发操作还能导致死锁问题发生。下面以并发取款业务为例，介绍并发操作过程中的常见问题，假设得到错误的结果是由 T1、T2 两个事务并发操作引起的。

1. 更新丢失

当两个或多个事务选择同一行，并根据最初选定的值更新该行时，就会出现更新丢失的问题。每个事务都不知道其他事务的存在。最后的更新将覆盖其他事务所做的更新，从而导致数据丢失。

假设客户存款的金额 M=2000 元，事务 T1 取走存款 500 元，事务 T2 取走存款 800 元，如果正常操作，即事务 T1 执行完毕再执行事务 T2，存款金额更新后应该是 700 元。并发事务 T1、T2 如果按以下顺序操作，则会有不同的结果，见表 10.1。

① 事务 T1 开始读取存款金额 M=2000 元。
② 事务 T2 开始读取存款金额 M=2000 元。
③ 事务 T1 在 t3 时刻取走存款 500 元，修改存款金额 M=M-500=1500，把 M=1500 写回数据库。
④ 事务 T2 在 t4 时刻取走存款 800 元，修改存款金额 M=M-800=1200，把 M=1200 写回数据库。

结果两个事务共取走存款 1300 元，而数据库中的存款却只少了 800 元。

表 10.1 更新丢失

时间点	事务 T1	M 的值	事务 T2
t0		2000	
t1	SELECT M		
t2			SELECT M
t3	M=M-500		
t4			M=M-800
t5	UPDATE M		
t6		1500	UPDATE M
t7		1200	

2. 脏读

脏读指的是读出不正确的临时数据。例如，事务 T2 选择了事务 T1 正在更新的数据时就可能会出现一个事务读到另一个事务未提交的数据。事务 T2 正在读取的数据尚未被事务 T1 提交，而且数据可能被事务 T1 更改。脏读问题违背了事务的隔离性原则。

在表 10.2 中，事务 T2 读取的数据 M=1500 是尚未被事务 T1 提交的数据，回滚操作后金额 M 仍然是 2000，而事务 T2 却读出 1500。

表10.2 脏读

时间点	事务 T1	M 的值	事务 T2
t0		2000	
t1	SELECT M		
t2	M=M-500		
t3	UPDATE M		
t4		1500	SELECT M
t5	ROLLBACK		
t6		2000	

3. 不可重复读

不可重复读指的是同一个事务内，两条相同的查询语句的查询结果不一致。也就是当一个事务多次访问同一个数据库且每次读取的数据不同时，会出现不可重复读的问题，因为其他事务可能正在更新该事务读取的数据。在表 10.3 中，事务 T1 在不同时刻查询 M 的值将得到不同的结果，原因是事务 T2 修改了数据。

表10.3 不可重复读

时间点	事务 T1	M 的值	事务 T2
t0		2000	
t1	SELECT M		
t2			SELECT M
t3			M=M-800
t4			UPDATE M
t5	SELECT M	1200	

4. 幻读

当对某行执行插入或删除操作，而该行属于某事务正在读取的行的范围时，就会出现幻读问题。其他事务的删除操作，使事务第一次读取行范围时存在的行在后续读取时已不存在。与此类似，由于其他事务的插入操作，后续读取显示原来读取时并不存在的行。

例如，事务 T1 在 t1 时刻执行查询操作，查看 M 的值为 2000；事务 T2 在 t2 时刻删除本行记录后，事务 T1 在 t3 时刻执行查询操作，查看 M 的值，记录为 NULL；事务 T2 在 t4 时刻插入该行记录后，事务 T1 在 t5 时刻执行查询操作，查看 M 的值为 2000，见表 10.4。

表10.4 幻读

时间	事务 T1	M 的值	事务 T2
t0		2000	
t1	SELECT M		
t2			DELETE M
t3	SELECT M	NULL	
t4			INSERT M
t5	SELECT M	2000	

5. 死锁

如果很多用户并发访问数据库,那么会出现一个常见的现象——死锁。简单地说,如果两个用户相互等待对方的数据,就产生了一个死锁。MySQL 检测到死锁后会选择一个事务进行回滚,而选择的依据是事务的权重大小,事务权重的计算方法是事务加的锁越少,事务写的日志越少,事务开启的时间越晚,则事务权重越小。

例如,事务 T2 写了日志,事务 T1 没有,则回滚事务 T1;事务 T1、T2 都没写日志,但是事务 T1 开始得早,则回滚事务 T2。

10.3.2 设置事务的隔离级别

为了防止数据库并发操作导致的数据更新丢失、不可重复读、脏读和幻读数据等问题,SQL 标准定义了 4 种隔离级别,即 READ UNCOMMITTED(读取未提交的数据)、READ COMMITTED(读取提交的数据)、REPEATABLE READ(可重复读)以及 SERIALIZABLE(串行化)。4 种隔离级别按照上述顺序逐渐增强,其中 READ UNCOMMITTED 的隔离级别最低,SERIALIZABLE 的隔离级别最高。

MySQL 支持 4 种事务隔离级别,在 InnoDB 存储引擎中可以使用以下语句设置事务的隔离级别。

```
SET {GLOBAL|SESSION} TRANSACTION ISOLATION LEVEL{
READ UNCOMMITTED |
READ COMMITTED|
REPEATABLE READ|
SERIALIZABLE}
```

说明如下。

① 在 READ UNCOMMITTED 隔离级别中,所有事务都可以看到其他未提交事务的执行结果。该隔离级别很少用于实际应用,并且它的性能也不明显优于其他隔离级别。

② READ COMMITTED 是大多数数据库系统的默认隔离级别(不是 MySQL 默认的)。它满足了隔离的简单定义,即一个事务只能看见已提交事务所做的改变。

③ REPEATABLE READ 是 MySQL 默认的事务隔离级别,它确保同一事务内相同的查询语句的执行结果一致。

④ SERIALIZABLE 是最高的隔离级别,它通过强制事务排序,使之不可能相互冲突。换而言之,它会在每条 SELECT 语句后自动加上 LOCK IN SHARE MODE,为每个查询操作施加一个共享锁。在这个级别中可能导致大量的锁等待。该隔离级别主要用于 InnoDB 存储引擎的分布式事务。

低级别的事务隔离可以提高事务的并发访问性能,但可能出现较多的并发问题(例如脏读、不可重复读、幻读等并发问题);高级别的事务隔离可以有效避免并发问题,但会降低事务的并发访问性能,可能导致大量的锁等待,甚至出现死锁现象。

系统变量@@TRANSACTION_ISOLATION 存储了事务的隔离级别,用户可以使用 SELECT 语句获得当前隔离级别的值,例如:

```
mysql> SELECT @@TRANSACTION_ISOLATION;
```

```
+-------------------------+
| @@TRANSACTION_ISOLATION |
+-------------------------+
| REPEATABLE READ         |
+-------------------------+
1 row in set (0.00 sec)
```

MySQL 默认为 REPEATABLE READ 隔离级别，这个隔离级别适用于大多数应用程序，只有应用程序对更高或更低隔离级别有具体的要求时才需要改动。没有一个标准来决定哪个隔离级别适用于应用程序，一般是基于应用程序的容错能力和应用程序开发者对潜在数据错误的影响的经验来判断。

任务 10.4　管理锁

【任务描述】

多用户并发访问同一数据表时，仅通过事务机制是无法保证数据的一致性的，MySQL 通过锁来防止数据并发操作过程中引发的问题。锁是防止其他事务访问指定资源的手段，它是实现并发控制的主要方法，是多个用户能够同时操作同一个数据库中的数据而不发生数据不一致现象的重要保障。

本任务是让读者了解锁的机制，熟悉锁机制的分类以及死锁的管理。

10.4.1　认识锁机制

MySQL 引入锁机制，通过不同类型的锁来管理多用户并发访问，实现数据访问的一致性。MySQL 不同的存储引擎支持不同的锁机制。例如 InnoDB 存储引擎支持行级锁，也支持表级锁，在默认情况下采用行级锁；MyISAM 和 MEMORY 存储引擎支持表级锁。

1. 锁机制中的基本概念

（1）锁的粒度

锁的粒度是指锁的作用范围，包括表级锁、行级锁和页级锁等。

（2）隐式锁与显式锁

MySQL 锁分为隐式锁和显式锁，MySQL 自动加的锁称为隐式锁，数据库开发人员手动加的锁称为显式锁。

（3）锁的类型

锁的类型包括读锁和写锁，其中读锁也称为共享锁，写锁也称为排他锁或者独占锁。读锁允许其他事务同时读数据，但不允许其他事务写数据；写锁不允许其他事务同时读数据，也不允许其他事务同时写数据。

（4）锁的钥匙

多个 MySQL 客户机并发访问同一个数据时，如果 MySQL 客户机 A 对该数据成功地施加了锁，那么只有 MySQL 客户机 A 拥有这把锁的"钥匙"，也就是说只有 MySQL 客户机 A 能够对该锁进行解锁操作。

（5）锁的生命周期

锁的生命周期是指在同一个 MySQL 服务器连接内从数据加锁到解锁的时间间隔。

2. 锁定与解锁

（1）锁定表

MySQL 提供了 LOCK TABLES 语句来锁定表，锁定表的语法格式如下：

```
LOCK TABLES 表名 {READ|WRITE}, [表名 {READ|WRITE},…];
```

说明：READ 锁用于确保用户可以读取表，但是不能修改表。WRITE 锁用于确保只有锁定该表的用户可以修改表，其他用户无法访问该表。

在对一个表使用表锁定时需要注意，在锁定表时会隐式地提交所有事务，开始一个事务（例如 START TRANSACTION），会隐式地解开所有表的锁定。在锁定表的事务中，系统变量 @@AUTOCOMMIT 的值必须设为 0，否则 MySQL 会在调用 LOCK TABLES 后立刻释放表锁定，并且很容易形成死锁。

例如，在 score 表中设置一个只读锁定。

```
mysql> LOCK TABLES score READ;
Query OK, 0 rows affected (0.00 sec)
```

在 course 表中设置一个写锁定。

```
mysql> LOCK TABLES course WRITE;
Query OK, 0 rows affected (0.00 sec)
```

（2）解锁表

锁定表后可以使用 UNLOCK TABLES 语句解除锁定。该语句不需要指出解除锁定的表的名字。解锁表的语法格式如下：

```
UNLOCK TABLES;
```

10.4.2 锁机制的类别

MySQL 支持多种数据库对象，对于不同的对象，锁机制也是不同的。在 MySQL 中广泛使用 3 种锁机制，即表级锁定、行级锁定和页级锁定。

1. 表级锁定

表级锁定是一个特殊类型的访问，整个表被用户锁定。根据表级锁定的类型，其他用户不能向表中插入记录，甚至从表中读数据也受到限制。表级锁定包括两种锁，即读锁（READ）和写锁（WRITE）。

① 读锁：如果表没有加写锁，那么就加一个读锁，否则将请求放到读锁队列中。

② 写锁：如果表没有加读锁，那么就加一个写锁，否则将请求放到写锁队列中。

2. 行级锁定

行级锁定相对于表级锁定或页级锁定，对锁定过程提供了更精细的控制。在这种情况下，只有线程使用的行是被锁定的，表中的其他行对于其他线程来说都是可用的。行级锁定并不是由 MySQL 提供的锁机制，而是由存储引擎实现的，其中 InnoDB 的锁机制就是行级锁定。

3. 页级锁定

MySQL 将锁定表中的某些行称作页，被锁定的行只对锁定最初的线程可行。页级锁的开锁和加锁时间介于表级锁和行级锁之间，锁定粒度介于表级锁和行级锁之间。页级锁会出现死锁。

10.4.3 管理死锁

1. 死锁的原因

两个或两个以上事务分别申请对方已经加锁的数据对象，导致长期等待而无法继续运行的现象称为死锁。

MySQL 支持并发事务的处理，使用任何方案都可能导致死锁。在下面两种情况下会经常发生死锁现象。

① 两个事务分别锁定了两个单独的对象，每一个事务都要求在另外一个事务锁定的对象上获得一个锁，结果是每一个事务都必须等待另外一个事务释放占用的锁，此时就发生了死锁。这是最典型的死锁形式。

② 在一个数据库中有若干长时间运行的事务并行地执行操作，查询分析器处理非常复杂的查询时，例如连接查询，由于不能控制处理的顺序，有可能发生死锁。

死锁是指事务永远不会释放它们所占用的锁，死锁中的两个事务都将无限期等待下去。MySQL 的 InnoDB 存储引擎可以自动检测死锁循环，并选择一个会话作为死锁中放弃的一方，通过终止该事务来打断死锁。被终止的事务发生回滚，并给连接返回一个错误消息。

如果在交互式的 MySQL 语句中发生死锁错误，用户只需要重新输入该语句。

2. 处理死锁

在默认情况下，InnoDB 存储引擎一旦出现锁等待超时异常，它既不会提交事务，也不会回滚事务。应用程序应该自定义异常处理程序，由程序开发人员选择是进一步提交事务还是回滚事务。

在 InnoDB 存储引擎的事务管理和锁机制中，有专门用于检测死锁的机制。当检测到死锁时，InnoDB 存储引擎会在产生死锁的两个事务中选择较小的一个回滚，而完成另外一个较大的事务。事务的大小主要是通过计算两个事务各自插入、更新或者删除的数据量来判断，也就是说一个事务改变的记录数越多，在死锁中越不会被回滚。需要注意的是，如果在产生死锁的场景中设计的不止 InnoDB 存储引擎，InnoDB 是检测不到该死锁的，这时就只能通过锁定超时限制来解决死锁。

3. 并发事务与锁机制应注意的问题

① 锁的粒度越小，应用系统的并发性能就越高，由于 InnoDB 存储引擎支持行级锁，使用 InnoDB 存储引擎可以提高系统的可靠性。

② 使用事务时，尽量避免在一个事务中使用不同存储引擎的表。

③ 处理事务时尽量设置和使用较低的隔离级别。

④ 尽量使用基于行级锁控制的隔离级别，必要时使用表级锁，可以避免死锁现象。

⑤ 对于 InnoDB 存储引擎支持的行级锁，设置合理的超时参数范围，编写锁等待超时异常处理程序，可以解决锁等待的问题。

⑥ 为避免死锁，当事务进行多记录修改时，尽量在获得所有记录的排他锁后进行修改

操作。

⑦ 为避免死锁，尽量缩短锁的生命周期，保持事务简短并处于一个批处理中。

⑧ 为避免死锁，事务尽量按照同一顺序访问数据库对象，避免在事务中存在用户交互访问数据的情况。

上机实践

① 在存储过程 up_score 中创建事务，在 score 表中执行 UPDATE 语句，将 result 值为 NULL 的记录修改为 60，并提交事务。执行存储过程查看 score 表的内容。

② 在存储过程 add_record 中创建一个事务，向 student 表中添加一条记录，并设置保存点。然后删除该记录，并回滚到事务的保存点，提交事务。执行存储过程查看 student 表的内容。

③ 创建事务，在 student 表中进行查询、插入和更新操作，并提交事务。

④ 在存储过程 proc_course 中创建事务，将 course 表中课程号为 "C305" 的课程名称改为 "大数据分析"，再向 course 表中插入一条记录，先回滚事务，再提交事务，最后查看 course 表的内容。执行存储过程，分析代码运行结果。

习 题

1. 选择题

（1）MySQL 的事务**不具有**的特征是哪一项？（   ）
  A．原子性　　　　B．隔离性　　　　C．一致性　　　　D．共享性

（2）结束事务的语句是哪一项？（   ）
  A．SAVEPOINT　　　　　　　　B．COMMIT
  C．END TRANSACTION　　　　D．ROLLBACK TO SAVEPOINT

（3）在执行事务的过程中，正在访问的数据被其他事务修改，导致处理结果不正确，是违背了事务特性的哪一项？（   ）
  A．原子性　　　　B．一致性　　　　C．隔离性　　　　D．持久性

（4）与事务控制**不相关**的关键字是哪一项？（   ）
  A．COMMIT　　　B．SAVEPOINT　　C．DECLARE　　　D．ROLLBACK

（5）事务的隔离级别不包括哪一项？（   ）
  A．READ UNCOMMITTED　　　　B．READ COMMITTED
  C．REPEATABLE READ　　　　　D．REPEATABLE ONLY

（6）死锁发生的原因主要是哪一项？（   ）
  A．并发控制　　　B．服务器故障　　C．数据错误　　　D．操作失误

（7）为了防止一个用户的不适当工作影响另一个用户，应该采取的措施是哪一项？（   ）
  A．完整性控制　　B．访问控制　　　C．安全性控制　　D．并发控制

（8）不属于并发控制带来的数据不一致性的原因是哪一项？（　　）

A．更新丢失　　　B．不可重复读　　　C．死锁　　　D．脏读

2. 简答题

（1）什么是事务？事务有什么特点？

（2）简述并发问题产生的原因。

（3）如何设置事务的隔离级别？

（4）如何在事务中设置保存点？保存点有什么用途？

（5）什么是死锁？InnoDB 存储引擎如何解除死锁？

（6）简述 MySQL 中锁的粒度及锁定机制的常见类型。

第 11 章 使用 Python+MySQL 实现信息系统

MySQL 是流行的关系数据库管理系统，可以在不同版本的 Windows、UNIX 和 macOS 等环境下使用，为 C++、Python、Java、PHP 等多种编程语言提供了数据库访问 API。Python 是一种解释型、面向对象的编程语言，拥有大量内置对象、标准库，并广泛得到第三方库的支持。

在应用系统开发中，Python 适合作为前端开发工具，MySQL 适合作为后台数据库。本章介绍使用 Python 访问 MySQL 数据库的方法，并完成学生信息管理项目（是第 1 章学生信息管理系统的一部分）。

◇ 学习目标

（1）了解 Python 及 Python DB-API。
（2）掌握使用 Python 访问 MySQL 数据库的方法。
（3）掌握学生信息管理项目的设计和实现过程。

◇ 知识结构

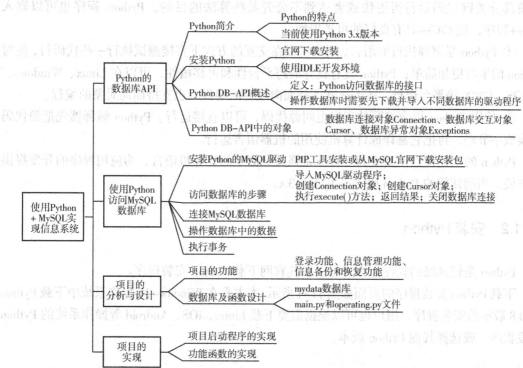

任务 11.1　Python 的数据库 API

11.1.1　Python 简介

Python 是目前流行且发展迅速的计算机语言之一，其应用领域覆盖了科学运算、云计算、系统运维、GUI（图形用户界面）编程、Web 开发等方面。在当前流行的 LAMP（Linux+Apache+MySQL+PHP/Perl/Python）和 WAMP（Windows+Apache+MySQL+PHP/Perl/Python）的开发架构中，Python 可用于前端开发或实现业务逻辑。使用 Python 与 MySQL 的开发，具有资源丰富、轻量、开发快速、性价比高等特点。

Python 的特点主要体现在以下几方面。

① Python 以"简单""易学"的特性成为编程的入门语言。一个良好的 Python 程序类似一篇英文文档，非常接近于人的自然语言。在应用 Python 开发的过程中，用户可以更多地专注于要解决的问题，而很少需要考虑计算机语言的细节，让计算机语言回归服务的功能。

② Python 是开源的，拥有众多的开发群体。用户可以查看 Python 源代码，研究其代码细节或进行二次开发。用户使用 Python 不需要支付费用，也不涉及版权问题。因为 Python 是开源的，越来越多的优秀程序员加入 Python 开发，Python 的功能也愈加丰富和完善。

③ Python 有大量的可扩展性的第三方库。在 Python 中可以运行 C/C++编写的程序，可以使部分关键代码运行得更快或者达到不公开某些算法的目的。Python 程序也可以嵌入 C/C++程序，使 C/C++具有良好的可扩展性。

④ Python 是解释执行的语言，用户可以在交互的方式下直接测试执行一些代码行，使对 Python 的学习更加简单；Python 具有良好的跨平台性和可移植性，可以在 Linux、Windows、macOS、UNIX 等平台运行；Python 既支持面向过程的编程，也支持面向对象的编程。

⑤ 使用 Python 语言编写的程序也叫源代码，可以直接运行。Python 解释器先把源代码转换成字节码，再把它翻译成计算机使用的机器语言运行。

Python 的上述特点使其成为一种非常强大又简单的计算机语言，为应用程序的开发提供了方便。当前使用的 Python 版本是 Python 3.x。

11.1.2　安装 Python

Python 是轻量级的软件，用户可以在其官网下载 Python 安装程序。

下载 Python 安装程序的页面如图 11-1 所示。本书是在 Windows 10 操作系统中下载 Python 3.10.8 版本的安装程序，用户也可以根据需要下载 Linux、iOS、Android 等操作系统的 Python 开发程序，或选择其他 Python 版本。

第 11 章　使用 Python+MySQL 实现信息系统

图 11-1　Python 开发程序的官网下载页面

下载完成后，双击打开下载的 Python 安装程序 "python-3.10.8-amd64.exe"，将启动安装向导，按提示操作即可。需要注意，在图 11-2 所示的安装程序页面中，需要选中 "Add python.exe to PATH" 复选框，这样可以将 Python 的可执行文件路径添加到 Windows 操作系统的环境变量 PATH 中，方便将来在开发中使用各种 Python 工具。

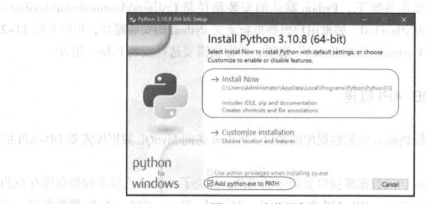

图 11-2　安装程序界面

安装成功后的界面如图 11-3 所示，并且会在 Windows 系统的 "开始" 菜单中显示图 11-4 所示的 Python 命令。

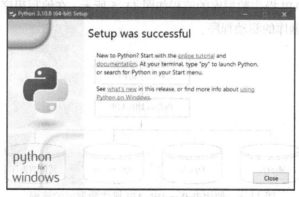

图 11-3　Python 安装成功界面

图 11-4 "开始"菜单中的 Python 命令

各命令的说明如下。

① IDLE (Python 3.10 64-bit)：启动 Python 自带的集成开发环境 IDLE。

② Python 3.10 (64-bit)：以命令行的方式启动 Python 的解释器。

③ Python 3.10 Manuals (64-bit)：打开 Python 的帮助文档。

④ Python 3.10 Module Docs (64-bit)：以内置服务器的方式打开 Python 模块的帮助文档。

用户在 Python 开发过程中，可以使用内置的开发环境 IDLE，也可以安装功能更强大的 PyCharm 集成开发环境。

在 Windows 10 操作系统下，Python 默认的安装路径是 C:\Users\Administrator\AppData\Local\Programs\Python\Python310，如果用户想要重新定义 Python 的安装路径，可以在图 11-2 所示的界面中选中"Customize installation"选项，并根据需要选择安装 Pyhton 组件。

11.1.3　Python DB-API 概述

Python DB-API 是 Python 访问数据库的接口，Python 访问 MySQL 数据库需要 DB-API 的支持。

DB-API 是 Python 访问数据库接口要遵守的规范，解决了 Python 连接不同数据库存在的应用接口混乱的问题。Python DB-API 支持 Oracle、MySQL、PostgreSQL、Redis 等数据库，用户可以根据需要下载不同的 DB-API。DB-API 定义了一系列的对象和数据库存取方法，为各种底层数据库系统和多种数据库提供一致的访问接口。使用 Python DB-API 连接数据库后，用户就可以用相同的方式操作多种数据库，方便不同数据库之间的代码移植。

使用 Python DB-API 操作数据库的流程如图 11-5 所示。在编写程序操作数据库时，首先要下载并导入不同数据库的驱动程序。

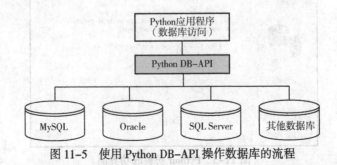

图 11-5　使用 Python DB-API 操作数据库的流程

11.1.4　Python DB-API 中的对象

Python DB-API 主要包括数据库连接对象 Connection、数据库交互对象 Cursor 和数据库异常对象 Exceptions。

1. Connection 对象

Connection 对象用于与 MySQL 数据库系统建立连接，是访问数据库服务器的基础。其主要方法见表 11.1。

表 11.1　Connection 对象的主要方法

方法	功能
cursor()	创建游标对象（Cursor 对象），游标对象用于访问数据库中的数据
commit()	提交当前事务。如无提交操作，数据库默认回滚操作，自上次调用 commit() 方法之后的所有修改都不会被保存到数据库文件中
rollback()	撤销当前事务。此方法使数据库回滚到提交前的状态。在未提交的情况下，关闭连接将导致执行隐式回滚
close()	关闭数据库连接

数据库连接对象 Connection 可以访问数据库，但必须通过调用 connect() 方法创建。connect() 方法返回一个 Connection 对象。

2. Cursor 对象

Cursor 对象用于向 MySQL 发送 SQL 语句，并获取 MySQL 处理生成的成果，Cursor 对象支持的主要方法见表 11.2。

表 11.2　Cursor 对象支持的主要方法

方法	功能
execute(sqlstr[,args])	执行 sqlstr 指定的 SQL 语句，参数 sqlstr 是 SQL 语句本身，可选参数 args 是 SQL 语句使用的参数列表，该方法的返回值为受影响的行数
nextset()	使游标跳到下一个可用集合，丢弃当前集合中的任意剩余行。如果没有更多的集合，该方法返回 None
fetchone()	获取结果集的一行
fetchmany(size)	获取指定行数的结果集
fetchall()	获取结果集中的所有行
rowcount	最近一次执行 execute() 语句返回数据的行数或影响行数
close()	关闭 Cursor 对象

3. Exceptions 对象

Python DB-API 通过 Exceptions（异常类）或其子类报告所有的错误信息，Python DB-API 的异常类见表 11.3。

表 11.3 Python DB-API 的异常类

异常类	描述
Warning	严重警告引发的异常，例如插入数据时被截断等，必须是 StandardError 的子类
Error	所有其他错误异常的基类，可以捕获警告以外所有其他异常类，必须是 StandardError 的子类
InterfaceError	由数据库接口模块的错误（不是数据库错误）引发的异常，必须是 Error 的子类
DatabaseError	由与数据库有关的错误引发的异常，必须是 Error 的子类
DataError	由处理数据时的错误引发的异常，如除零错误、数据超范围等，必须是 DatabaseError 的子类
OperationalError	由与数据库操作相关且不一定在用户控制下发生的错误引发的异常，如连接意外中断、找不到数据源名称、事务无法处理，必须是 DatabaseError 的子类
IntegrityError	由与数据库的关系完整性相关的错误引发的异常，如外键检查失败等，必须是 DatabaseError 的子类
InternalError	由数据库的内部错误引发的异常，如游标不再有效、事务不同步等，必须是 DatabaseError 的子类
ProgrammingError	由程序错误引发的异常，如 SQL 语句语法错误、参数数量错误等，必须是 DatabaseError 的子类
NotSupportedError	由使用数据库不支持的方法或 API 引发的异常，如使用 rollback( ) 方法作为连接方法等，它必须是 DatabaseError 的子类

任务 11.2 使用 Python 访问 MySQL 数据库

11.2.1 安装 Python 的 MySQL 驱动

Python 的 MySQL 驱动是遵守 DB-API 规范的驱动程序。在 Python 程序中操作 MySQL 数据库，必须安装 MySQL 驱动。MySQL 驱动可以有效连接 Python 和 MySQL 数据库，为用户操作 MySQL 数据库提供方便。

Python 连接 MySQL 数据库的驱动是 mysql-connector-python 包，该驱动应在安装 Python 环境后再安装。可以使用 PIP 工具安装或从 MySQL 官网下载安装包。

在 Windows 操作系统的命令行窗口中，可以使用 PIP 中的 PIP3 命令安装 MySQL 驱动，代码如下。

```
C:\> PIP3 install mysql-connector-python
```

需要注意的是，PIP3 命令在 Python 安装目录的 Scripts 目录下，如果未配置 path 路径，需要在该目录下执行 PIP3 命令，默认的目录是 C:\Users\Administrator\AppData\Local\

Programs\Python\Python310\Scripts。

mysql-connector-python 安装完成后，可以在 IDLE 环境下测试其是否安装成功。Python 代码如下。

```
>>>import mysql.connector
>>>print(mysql.connector._version_)
```

MySQL 驱动安装完成后就可以连接并访问 MySQL 数据库了。

MySQL 官网提供了支持不同操作系统的 MySQL 驱动安装包，也可以从 MySQL 官网下载 MySQL 驱动。

11.2.2 访问数据库的步骤

使用 Python 访问 MySQL 数据库的步骤如下。

① 使用 import mysql.connector 语句导入 MySQL 驱动程序。
② 使用 connect()方法连接数据库，创建一个 Connection 对象。
③ 使用 Connection 对象的 cursor()方法，创建一个 Cursor 对象。
④ 使用 Cursor 对象的 execute()方法执行数据操纵和查询的 SQL 语句。
⑤ 执行查询时，通过 Cursor 对象的 fetchall()方法返回结果。
⑥ 调用 Cursor 对象的 close()方法关闭 Cursor 对象，调用 Connection 对象的 close()方法关闭数据库连接。

下面是一个 MySQL 数据库的访问示例。

【例 11-1】 访问 MySQL 数据库的 Python 程序。

```
# testmysql1.py
import mysql.connector
db=mysql.connector.connect(
    host="localhost",
    user="root",
    passwd='123456',
    database="mydata"
)
cur=db.cursor()
cur.execute("SELECT * FROM student")
records=cur.fetchall()
for line in records:
    print(line)
cur.close()
db.close()
```

程序运行结果如下。

```
(151001, '耿子强', '男', datetime.date(2004, 2, 8), '计算机', 2820.0, '上海市黄浦区')
(156004, '丁美华', '女', datetime.date(2005, 3, 17), '计算机', 3200.0, '北京市朝阳区')
(156006, '陈娜', '女', datetime.date(2005, 7, 28), '计算机', 3000.5, '天津市滨海新区')
(221002, '李思璇', '女', datetime.date(2004, 1, 30), '数学', 4530.0, '大连市西岗区')
```

```
(226005, '吴小迪', '女', datetime.date(2005, 12, 14), '数学', 2980.5, '沈阳市和平区')
(341003, '韩俊凯', '男', datetime.date(2004, 6, 29), '会计', 2980.5, '上海市长宁区')
(341004, '王文新', '男', datetime.date(2004, 4, 23), '会计', 3100.0, '北京市东城区')
```

11.2.3 连接 MySQL 数据库

1. 连接数据库的接口

使用 Python 访问 MySQL 数据库常用的接口有 mysql.connector 和 PyMySQL。

mysql.connector 是 MySQL 官方提供的驱动程序，它在 Python 中重新实现了 MySQL 协议，虽然比较慢，但不需要 C 库支持，有较好的可移植性。PyMySQL 是完全由 Python 实现的驱动，是在 Python 3.x 版本中用于连接 MySQL 的库，安装简单，执行效率、可移植性、使用方法均与 mysql.connector 类似。

此外，MySQLdb 也是 Python 连接 MySQL 的接口，但它只支持 Python 2.x 系列版本，而且 PyMySQL 兼容 MySQLdb，因此不推荐使用。

2. 访问数据库的过程

① 在用 Python 创建的 .py 文件中导入 mysql.connector 接口。

```
import mysql.connector
```

② 建立与 MySQL 服务器的连接，并连接访问的数据库。

```
db=mysql.connector.connect(
    host="localhost",
    user="root",
    passwd='123456',
    database="mydata"
)
```

参数说明如下。
- db 是返回的数据库连接对象的名称。
- host 是 MySQL 服务器所在的主机名，可以是域名或 IP 地址。
- user 是可以登录 MySQL 服务器的用户名。
- passwd 是登录 MySQL 服务器验证用户身份的密码。
- database 是要操作的数据库名。

③ 使用游标对连接的数据库对象执行 SQL 语句和关闭数据库连接。

```
try:
    cur.execute(sqlstr)      #使用 execute()方法执行 SQL 语句
    db.commit()              #将事务提交到数据库执行
except:
    db.rollback()            #如果发生错误则执行回滚操作
    cur.close()              #关闭游标
    db.close()               #关闭数据库连接
```

说明如下。
- sqlstr 表示在 MySQL 中执行的 SQL 语句、存储过程或者 BEGIN…END 语句块。
- 代码中使用 try…except…语句进行了异常捕获，该语句可以省略。

11.2.4 操作数据库中的数据

Python 使用 mysql.connector 接口连接 MySQL 数据库，执行数据的插入、修改、删除等操作。下面的程序使用 mydata 数据库中的 course 表。

1. 插入数据

使用 Cursor 对象的 execute( )方法执行 SQL 的 INSERT 命令可以向表中插入记录。

【例 11-2】编写 Python 程序 dbinsert1.py，向 course 表中插入 2 条记录（'X552', 'P.E.',100, 'Tom'），（'Y660', 'SQL',200,'Jack'）。

```python
import mysql.connector
db=mysql.connector.connect(
    host="localhost",
    user="root",
    passwd='123456',
    database="mydata"
)
cur=db.cursor()
sql1 = "INSERT INTO course VALUES ('X552','P.E.',100,'Tom')"
sql2 = "INSERT INTO course VALUES ('Y660','SQL',200,'Jack')"
try:
    cur.execute(sql1)
    cur.execute(sql2)
    db.commit()
except:
    print("数据库操作异常")
    db.rollback()
    cursor.close()
    db.close()
```

执行 Python 程序 dbinsert1.py，然后在 MySQL 命令行窗口查询 course 表内容。可以看出，Python 程序成功插入记录。

```
mysql> SELECT * FROM course;
+------+------------+------+---------+
| cno  | cname      | hour | teacher |
+------+------------+------+---------+
| C207 | 大学物理    |   80 | 侯玉梅  |
| C305 | 计算机技术  |   64 | 李宝军  |
| C402 | 大学英语    |  120 | 张艳    |
| C531 | 高等数学    |   96 | 吴天虎  |
| X552 | P.E.       |  100 | Tom     |
| Y660 | SQL        |  200 | Jack    |
+------+------------+------+---------+
6 rows in set (0.00 sec)
```

注意：在 course 表中，cno 字段为主键，主键重复的记录无法插入表中。如果修改程序，插入记录的代码修改如下。

```
sql1 = "INSERT INTO course VALUES ('X00','Java',133,'John')"
sql2 = "INSERT INTO course VALUES ('Y660','C++',155,'Frank')"
```

再次执行 dbinsert1.py 文件，该程序仍能正确执行，但因为一条记录的主键（cno 值为 Y660）在 course 表中已经存在，无法将上述两条记录插入 course 表中（即使另一条记录主键不重复），并由程序的异常处理部分给出"数据库操作异常"的提示，回滚之前的操作，体现了事务操作的原子性。

2. 删除数据

【例 11-3】编写 Python 程序 dbdelete1.py，删除 course 表中课程名（cname 字段）为 "SQL" 的数据。

```
import mysql.connector
db=mysql.connector.connect(
    host="localhost",
    user="root",
    passwd='123456',
    database="mydata"
)
cur=db.cursor()
sql1 = "DELETE FROM course WHERE cname='SQL'"
cur.execute(sql1)
db.commit();
cur.close()
db.close()
```

执行 Python 程序 dbdelete1.py 后，在 MySQL 命令行窗口查询 course 表内容，可以看出成功删除了符合条件的记录。

与【例 11-2】比较，本例未使用 Python 的 try…except…语句进行异常处理，如果程序不能正常运行，将退出程序并报告程序运行的错误信息。

3. 修改数据

【例 11-4】编写 Python 程序 dbupdate1.py，修改 cno 值为 "Y660" 的记录的课程名（cname）。

```
import mysql.connector
db=mysql.connector.connect(
    host="localhost",
    user="root",
    passwd='123456',
    database="mydata"
)
cur=db.cursor()
sql1="UPDATE course SET cname=%s WHERE cno='Y660'"
try:
    cur.execute(sql1,['MySQL'])    #使用 execute()方法执行带参数的 SQL 语句
    db.commit()
except:
    db.rollback()
```

```
    cur.close()
    db.close()
print("数据库操作异常")
```

执行 Python 程序 dbupdate1.py 后，在 MySQL 命令行窗口查询 course 表内容，可以看出，课程号为"Y660"的记录的课程名（cname）已经被修改为"MySQL"。

【例 11-4】在 UPDATE 语句中使用了 %s 参数，execute( ) 方法在执行 SQL 语句时将值传递给参数，增强了程序的功能。

4. 查询数据

【例 11-5】编写 Python 程序 dbselect1.py，查询学时（hour）大于指定值的记录信息。

```
import mysql.connector
db=mysql.connector.connect(
    host="localhost",
    user="root",
    passwd='123456',
    database="mydata"
)
cur=db.cursor()
sql1 = "SELECT * FROM course WHERE hour>%s"
cur.execute(sql1,[100])
records=cur.fetchall()
for line in records:
    print(line)
cur.close()
db.close()
```

dbselect1.py 文件执行结果如下。

```
('C402', '大学英语', 120, '张艳')
('Y660', 'MySQL', 200, 'Jack')
```

11.2.5 执行事务

Python DB-API 提供了 commit( ) 和 rollback( ) 方法来处理事务。其中，commit( ) 方法用于提交游标（Cursor 对象）的所有操作事务，rollback( ) 方法用于回滚当前游标的所有操作。

MySQL 数据库支持事务操作，使用 Python 编程建立游标时，系统就自动开始了一个隐形的数据库事务。

在 commit( ) 方法中，当游标的操作导致数据库改变时，使用 rollback( ) 方法可回滚当前游标的所有操作。对数据表进行的插入、删除、更新操作都会使数据发生改变，为确保数据的一致性，当这些操作发生错误时，需要回滚操作。查询操作不需要修改数据库的数据，不需要回滚操作。

如果在 Python 代码中不使用 commit( ) 方法提交事务，则游标中的 SQL 语句只在缓冲区更改数据，不会将更新提交到数据库，所以基本表不会发生改变。例如，在 dbupdate1.py 程序中删除 db.commit( ) 后，再次执行文件中的代码不会改变 course 表中的数据。

任务 11.3 项目的分析与设计

11.3.1 项目的功能

学生信息管理系统是一个 Python+MySQL 数据库的应用系统,本项目主要用于实现第 1 章的学生信息管理系统中学生信息的增加、删除、修改、查找并显示及数据备份功能。项目功能主要包括以下 3 个方面。

① 用户登录。
② 信息管理,实现信息的增加、删除、修改、显示。
③ 信息备份和恢复,实现数据的导出和导入。

根据项目功能要求,划分项目的功能模块,如图 11-6 所示。

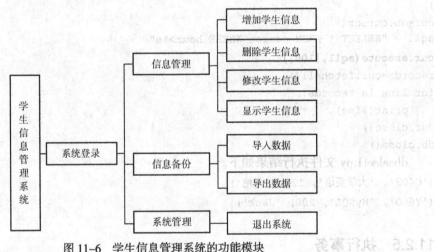

图 11-6 学生信息管理系统的功能模块

11.3.2 数据库及函数设计

根据项目功能分析,在 MySQL 中建立 mydata 数据库,包括 student、course、score 等数据表,详见附录。为了简化程序设计,本项目仅使用 student 表。项目中涉及的文件名及函数功能见表 11.4。其中,main.py 是项目启动程序,实现用户登录功能,登录成功后可以调用项目的业务实现;operating.py 实验信息增加、删除、修改、显示功能。

表 11.4 项目中涉及的文件名及函数功能

文件名	函数名	功能描述
main.py	login( )	main.py 中实现登录功能的函数
	mainmenu( )	显示主菜单的函数

续表

文件名	函数名	功能描述
operating.py	getConnection( )	通用函数，连接数据库
	findStudent(id)	通用函数，在 student 表中查找是否存在指定 id
	getStuListInfo( )	获得输入数据
	showAllData( )	显示所有记录
	addRec( )	增加记录
	delRec( )	删除记录
	modifyRec( )	修改记录
	searchRec( )	查找记录
	exportf( )	导出数据
	importf( )	导入数据

任务 11.4　项目的实现

11.4.1　项目启动程序的实现

项目启动程序在 main.py 文件中。项目启动后调用 login( )函数，login( )函数用于实现系统登录功能。为了简化程序，登录系统通过验证 student 表中的学号和姓名实现。用户登录成功后，调用 mainmenu( )函数，显示系统功能菜单并实现功能的调用。

login( )函数和 mainmenu( )函数连接数据库调用了 operating 模块的 getConnection( )函数和实现增删改查功能的函数，所以 main.py 文件导入了 operating 模块。

main.py 代码如下。

```
import operating
#系统登录函数
def login():
    db = operating.getConnection();
    cur = db.cursor()
    n = 1
    while n <= 3:
        flag = True
        #获取姓名和学号
        ssno = input("学号:")
        ssname = input("姓名:")
        sqlstr = "SELECT * FROM student WHERE sno=%s and sname=%s"
        cur.execute(sqlstr, (ssno, ssname))
        if cur.fetchone() != None:     #如果成功查找到记录
            break
        else:
```

```python
            print("共可以输入 3 次，第{}次错误".format(n))
            flag = False
            n = n + 1
    if flag == True:
        print("Congratulating!Login Success")
        mainmenu()
    else:
        print("Sorry!Login Failed")

#主菜单
def mainmenu():
    while True:
        print("-" * 17, "Student Information Manage System", "-" * 17)
        menu1 = ("Please choice item:\n"
                 '1) Append Record\n'
                 '2) Delete Record\n'
                 '3) Modify Record\n'
                 '4) Search Record\n'
                 '5) Show Record\n'
                 '6) Export File\n'
                 '7) Import File\n'
                 '0) Exit\n'
                 'Please enter function number:')
        choice = input(menu1)
        if choice == '1':
            operating.addRec()
        elif choice == '2':
            operating.delRec()
        elif choice == '3':
            operating.modifyRec()
        elif choice == '4':
            operating.searchRec()
        elif choice == '5':
            operating.showAllData()
        elif choice == '6':
            operating.exportf()
        elif choice == '7':
            operating.importf()
        elif choice == '0':
            break
        else:
            print("Function Number Error!!!")

#程序入口
if __name__ == "__main__":
    print("-" * 17, " 欢迎使用学生信息管理系统", "-" * 17)
```

```
    print("（请输入学号和姓名登录系统）")
    print()
    login()
```
登录系统并调用主菜单的运行结果如下。

```
------------------------ 欢迎使用学生信息管理系统 ------------------------
（请输入学号和姓名登录系统）

学号:156006
姓名:陈娜
Congratulating!Login Success
----------------- Student Information Manage System -----------------
Please choice item:
1) Append Record
2) Delete Record
3) Modify Record
4) Search Record
5) Show Record
6) Export File
7) Import File
0) Exit
Please enter function number:5
-------------------------- Display  Record --------------------------
……
```

11.4.2 功能函数的实现

系统的功能函数包括被多个函数调用的通用函数、用于记录增删改查功能的函数、导入和导出函数等。

1. 系统通用函数的实现

这里的通用函数主要是指被其他函数调用的函数。getConnection( )函数用于连接数据库；findStudent(id)函数用于在 student 表中查找是否存在指定的 id，在插入、删除或修改数据时调用该函数，判断是否存在相同主键的记录；getStuListInfo( )函数用于接收用户输入的数据信息，在插入数据和修改数据时调用；showAllData( )用于显示所有记录。

上述函数的实现代码如下。

```
import mysql.connector
#连接数据库的通用函数
def getConnection():
    db = mysql.connector.connect(
        host="localhost",
        user="root",
        passwd='123456',
        database="mydata"
    )
    return db
```

```python
#判断表中是否存在相同id的记录
def findStudent(id):
    sqlstr="SELECT * FROM student WHERE sno=" + id
    dbinfo = getConnection()
    cur = dbinfo.cursor()
    cur.execute(sqlstr)
    if len(cur.fetchall())==0:
        return -1

#获得输入数据
def getStuListInfo():
    ssname = input("Please enter Name:")
    ssex = input("Please enter Sex:")
    sbirthday = input("Please enter Birthdate:")
    smajor = input("Please enter Major:")
    saward = eval(input("Please enter Award:"))
    saddress = input("Please enter Address:")
    return [ssname, ssex, sbirthday, smajor, saward, saddress]

#显示所有记录
def showAllData():
    print("-" * 26, "Display  Record", "-" * 25)
    dbinfo = getConnection()
    cur = dbinfo.cursor()
    cur.execute("SELECT * FROM student")
    records = cur.fetchall()
    for line in records:
        print(line[0],line[1],line[2],line[3],line[4],line[5],line[6])
    cur.close()
```

2. 增删改查功能的实现

记录增加功能由 addRec( )函数实现，该函数先接收用户输入的 id 值，判断是否存在相同主键的记录，如果不存在，调用 getStuListInfo( )函数接收用户输入的数据，然后将其插入数据表。

删除记录、修改记录、查找记录的实现过程类似，程序代码如下。

```python
#添加记录
def addRec():
    print("-" * 29, "Add Record", "-" * 28)
    ssid = input("Please enter ID:")
    if findStudent(ssid) != -1:
        print("该学生已存在")
    else:
        dbinfo = getConnection()
        cur = dbinfo.cursor();
        sqlstr = "INSERT INTO student VALUES(%s, %s, %s, %s, %s, %s, %s)"
```

```python
        record = getStuListInfo()
        record.insert(0, ssid)
        try:
            cur.execute(sqlstr, record);
            dbinfo.commit()
                print("----------------------Add Record Success--------------------")
                showAllData()
        except:
            dbinfo.rollback();
            cur.close()
            dbinfo.close()

#删除记录
def delRec():
    print("-" * 27, "Delete Record", "-" * 27)
    dbinfo = getConnection()
    cursor = dbinfo.cursor();
    ssid = input("Please input deleted Student ID:")
    if findStudent(ssid)==-1:
        print("该学生不存在")
        return
    else:
        sqlstr = "DELETE FROM student WHERE sno="
        cursor.execute(sqlstr + ssid)
        dbinfo.commit()
        print("-----------------------Record Delete Success--------------------")
        showAllData()
        dbinfo.close()

#修改记录
def modifyRec():
    print("-" * 23, "Modify Record", "-" * 23)
    dbinfo = getConnection()
    cursor = dbinfo.cursor();
    ssid = input("Please input change Student ID:")
    record = getStuListInfo()
    record.insert(0, ssid)
    sqlstr = "UPDATE student SET sno=%s,sname=%s,sex=%s,birthday=%s," \
             "major=%s,award=%s,address=%s WHERE sno=" + ssid
    #print(sqlstr)
    cursor.execute(sqlstr, record)
    dbinfo.commit()
    showAllData()
    print("-------------------------Record Modify Success--------------------")

#查找记录
def searchRec():
```

```
    print("-" * 27, "Search Record", "-" * 27)
    dbinfo = getConnection()
    cur = dbinfo.cursor()
    ssid = input("Please input search Student ID:")
    if findStudent(ssid)==-1:
        print("该学生不存在")
        return
    else:
        print("-----------------------The Record of Found----------------------")
        sqlstr = "SELECT * FROM student WHERE sno="
        cur.execute(sqlstr + ssid)
        for row in cur:
            print(row[0], row[1], row[2], row[3], row[4])
        cur.close()
        dbinfo.close();
```

3. 导出和导入数据

exportf( )函数用于导出数据，函数接收用户输入的导出文件名，构造导出文件的路径，然后调用"SELECT * FROM 表名 INTO OUTFILE"语句导出文件。

importf( )函数用于导入数据，函数接收用户输入的导入文件名，构造导出数据的 SQL 语句，然后调用"LOAD DATA INFILE"语句导入文件。

此处仅以导入和导出 score 表为例说明导入和导出功能的实现，代码如下。

```
def exportf():
    sqlstr = "SELECT * FROM score INTO OUTFILE "
    fileName = input("导出的文件名:")
    path = "'" + "d:/backup/" + fileName + "'"
    #print(sqlstr+path)
    dbinfo = getConnection()
    cur = dbinfo.cursor()
    cur.execute(sqlstr + path)
    print("导出文件成功")

def importf():
    fileName = input("导入的文件名:")
    sqlstr = "LOAD DATA INFILE " + "'d:/backup/" + fileName + "'" + "INTO TABLE score"
    print(sqlstr)
    dbinfo = getConnection()
    cur = dbinfo.cursor()
    cur.execute(sqlstr)
    dbinfo.commit()
    print("导入文件成功")
```

注意事项如下。

① 函数中的导出文件路径"d:/backup/"应在 MySQL 的配置文件 my.ini 中设置。

② 导入文件时，应先清除要导入数据表中的记录。

上机实践

1. 使用 Python 程序操作数据库中的数据

① 在 mydata 数据库中创建 myteacher 表，结构描述如下。

```
use mydata
myteacher(
    tno INT(4) PRIMARY KEY,
    tname VARCHAR(10) NOT NULL,
    birth DATE,
    college VARCHAR(10),
    salary FLOAT(7,1)
)
```

② 编写程序，向 myteacher 表插入 3 条记录，数据描述如下。

```
1001,"Jerry","1980-12-19","DLUT",15672.50
1003,"Kate","1978-7-25","LNPT",9870.00
3009,"Joe","1983-2-1","JLU",122300.50
```

③ 编写程序，操纵 myteacher 表。将学校（college）值为"LNPT"的 salary 的值增加 1000；查询 1980 年 1 月 1 日后出生的记录；删除 salary 小于 1000 的记录。

2. 完善项目程序

① 在 operating.py 程序中，只有 addRec( )函数进行了异常处理，为 delRec( )函数和 modifyRec( )函数增加数据库异常处理的代码。

② 完善 modifyRec( )函数，判断数据表 student 中是否存在主键 sno 与输入 id 值相同的记录。

习　题

1. 选择题

（1）以下关于 Python 语言的优点中，**不正确**的是哪一项？（　　）
  A．易学，简单　　　　　　　　　　B．开源和面向对象
  C．丰富的第三方库　　　　　　　　D．可以直接对硬件进行操作

（2）使用 Python 进行 MySQL 数据库编程时，可以**不执行**的步骤是哪一项？（　　）
  A．建立与 MySQL 服务器的连接　　B．创建 Cursor 对象
  C．执行 SQL 语句　　　　　　　　D．关闭数据库连接

（3）Connection 对象的哪一个方法用于创建 Cursor 对象？（　　）
  A．commit( )　　　B．cursor( )　　　C．nextset( )　　　D．execute( )

（4）用于获取查询结果集的前 2 条记录的方法是哪一项？（　　）
  A．fetchmany(2)　　B．fetchall( )　　C．fetchmany( )　　D．fetchall(2)

（5）Cursor 对象可以执行 SQL 语句的方法是哪一项？（　　）
  A．execute( )　　　B．commit( )　　　C．nextset( )　　　D．cursor( )

（6）下列选项中，不属于 Connection 对象的 db 方法的是哪一项？（　　）

A．db.commit( )　　　B．db.close( )　　　C．db.execute( )　　　D．db.open( )

2. 简答题

（1）使用 Python 操作 MySQL 数据库时，如何安装 Python 的 MySQL 驱动？

（2）Connection 对象有哪些主要方法？

（3）在 Python 中，访问 MySQL 数据库主要使用哪些对象，其功能是什么？

（4）Curcor 对象的 fetchone( )、fetchall( )、fetchmany( )方法有什么区别？

附录　数据库 mydata 的表结构与数据

1. mydata 数据库中表的结构

mydata 数据库的表结构如表 1~表 4 所示。

表 1　student 表结构

序号	字段名称	字段说明	数据类型	长度	属性
1	sno	学号	INT	8	非空，主键
2	sname	姓名	VARCHAR	40	非空
3	sex	性别	CHAR	2	非空，默认值"男"
4	birthday	出生日期	DATE	—	—
5	major	专业	VARCHAR	16	—
6	award	奖学金	FLOAT	8,2	—
7	address	地址	VARCHAR	255	默认值"地址不详"

表 2　course 表结构

序号	字段名称	字段说明	数据类型	长度	属性
1	cno	课程号	VARCHAR	4	非空，主键
2	cname	课程名	VARCHAR	40	非空
3	hour	学时数	INT	4	—
4	teacher	任课教师	CHAR	40	非空

表 3　score 表结构

序号	字段名称	字段说明	数据类型	长度	属性
1	sno	学号	INT	8	非空
2	cno	课程号	VARCHAR	4	非空
3	result	成绩	FLOAT	5,1	—

表 4　major 表结构

序号	字段名称	字段说明	数据类型	长度	属性
1	majno	专业代码	INT	4	非空
2	majname	专业名称	VARCHAR	20	非空
3	direction	专业方向	VARCHAR	16	—

2. mydata 数据库表的数据

mydata 数据库的原始表数据如表 5～表 7 所示。

表 5 student 表中的数据

sno	sname	sex	birthday	major	award	address
151001	耿子强	男	2004-02-08	计算机	NULL	上海市黄浦区
156004	丁美华	女	2005-03-17	计算机	3200.00	北京市朝阳区
156006	陈娜	女	2005-07-28	计算机	3000.50	天津市滨海新区
221002	李思璇	女	2004-01-30	数学	4530.00	大连市西岗区
226005	吴小迪	女	2005-12-14	数学	2980.50	沈阳市和平区
341003	韩俊凯	男	2004-06-29	会计	2980.50	上海市长宁区
341004	王文新	男	2004-04-23	会计	3100.00	北京市东城区

表 6 course 表中的数据

cno	cname	hour	teacher
C207	大学物理	80	侯玉梅
C305	计算机技术	64	李宝军
C402	大学英语	120	张艳
C531	高等数学	96	吴天虎

表 7 score 表中的数据

sno	cno	result	sno	cno	result
156004	C402	85.0	341002	C402	60.0
156004	C531	92.0	341002	C531	56.0
226005	C402	76.0	341003	C305	86.0
156006	C531	95.0	341004	C305	91.0
156006	C305	NULL	572007	C402	52.0
156006	C207	NULL	572007	C207	78.0
151001	C531	60.0			

参考文献

[1] 陈志泊，崔晓辉，韩慧，等. 数据库原理及应用教程（MySQL 版）[M]. 北京：人民邮电出版社，2022.

[2] 姜桂洪，孙福振，刘秋香. MySQL 8.0 数据库应用与开发（微课视频版）[M]. 北京：清华大学出版社，2023.

[3] 张素青，翟慧，宋欢，等. MySQL 数据库技术与应用（慕课版）[M]. 2 版.北京：人民邮电出版社，2023.

[4] 李锡辉，王敏，王樱，等. MySQL 数据库技术与项目应用教程（微课版）[M]. 2 版. 北京：人民邮电出版社，2022.

[5] 刘德山，杨洪伟，崔晓松. Python 3 程序设计[M]. 2 版. 北京：人民邮电出版社，2022.

[6] 鲁大林. MySQL 数据库应用与管理[M]. 2 版. 北京：机械工业出版社，2021.